Michael Njoku

Estabilidade Térmica de Argilas e Minerais de Argila e Atividade Pozolânica

Michael Njoku

Estabilidade Térmica de Argilas e Minerais de Argila e Atividade Pozolânica

ScienciaScripts

Imprint
Any brand names and product names mentioned in this book are subject to trademark, brand or patent protection and are trademarks or registered trademarks of their respective holders. The use of brand names, product names, common names, trade names, product descriptions etc. even without a particular marking in this work is in no way to be construed to mean that such names may be regarded as unrestricted in respect of trademark and brand protection legislation and could thus be used by anyone.

Cover image: www.ingimage.com

This book is a translation from the original published under ISBN 978-620-7-47696-1.

Publisher:
Sciencia Scripts
is a trademark of
Dodo Books Indian Ocean Ltd. and OmniScriptum S.R.L publishing group

120 High Road, East Finchley, London, N2 9ED, United Kingdom
Str. Armeneasca 28/1, office 1, Chisinau MD-2012, Republic of Moldova, Europe
Printed at: see last page
ISBN: 978-620-8-19091-0

Dedicação

Este trabalho de investigação é dedicado a Deus Todo-Poderoso pelo Seu amor, cuidado, proteção, sustento e orientação durante todo o meu programa de mestrado. À minha família que me apoiou continuamente com as suas orações e amor incondicional para chegar a esta fase.

Agradecimentos

Os meus sinceros agradecimentos ao meu supervisor, Dr. G. Redhammer, pelo seu máximo apoio, paciência, tolerância e orientação durante todo o trabalho de investigação. Agradeço também ao Prof. John Dunlop pelos seus conselhos e sugestões durante os meus períodos de experiência. Estou muito grato a Gerold Tippet e Michael Asen por me terem ajudado a analisar todas as minhas amostras por XRD e por me terem aberto o laboratório.

Resumo

O advento de tecnologias de construção sofisticadas e inovadoras para satisfazer as necessidades do nosso mundo moderno está atualmente a aumentar a procura de materiais à base de cimento Portland como a principal matéria-prima de construção. Isto é uma fonte de preocupação para a produção sustentável destes materiais à base de cimento devido aos impactos ambientais (emissões de CO2) e energéticos (etapa de descarbonização a alta temperatura). É um facto conhecido que a mistura de cimento com materiais cimentícios suplementares (SCMs) é uma das formas de reduzir os desafios ambientais e energéticos. Os subprodutos já utilizados, como as escórias de alto-forno, as cinzas volantes, etc., estão quase esgotados e o processo de os obter também não é amigo do ambiente. Há uma necessidade urgente de procurar outros materiais de substituição alternativos para responder aos desafios crescentes da procura e da oferta. As argilas calcinadas revelaram propriedades promissoras como potenciais SCM devido à sua disponibilidade abundante e ao facto de não serem matérias-primas críticas.

No entanto, as propriedades gerais e os mecanismos de reação das argilas calcinadas são factores exigentes para a sua utilização como SCMs. Para avaliar adequadamente estes factores, esta investigação estuda o potencial de utilização das argilas calcinadas a partir das caraterísticas mineralógicas, físicas e químicas das argilas em bruto, comparando-as com a reatividade pozolânica das argilas calcinadas. Para aumentar a reatividade das argilas cruas, as argilas naturais foram aquecidas (calcinadas) num forno elétrico a temperaturas entre 600 °C - 1100 °C e intervalos de tempo de 6 h - 48 h. A reatividade pozolânica das argilas calcinadas foi estudada através da observação da reação entre as argilas calcinadas e a cal (hidróxido de cálcio), monitorizando os produtos de hidratação formados.

Os resultados críticos deste estudo mostraram que as composições mineralógicas do material de partida (argilas naturais) são o principal fator determinante da reatividade pozolânica das argilas calcinadas. Estas propriedades são as seguintes: quantidade de material argiloso (sílica e alumina), presença de materiais não argilosos (impurezas) e comportamento térmico destes materiais argilosos.

As cinco (5) amostras de argila natural que foram estudadas são Caulinite (P9), Montmorilonite, Eberschwang (Ebe P2), Neundling (Neu P3) e Schlagmann (Sch P11). Todas as amostras estudadas apresentaram intervalos óptimos de temperatura de ativação de 600 °C - 850 °C e um intervalo de tempo de 6 h foi muito suficiente, uma vez que um aumento adicional da temperatura ou do tempo resultou em recristalização (redução do conteúdo amorfo) com persistência da fase de mulita. A caulinite foi o melhor material de interesse, uma vez que apresentou a maior atividade pozolânica após 15 dias, o que pode ser atribuído à elevada percentagem de composição de sílica e alumina.

Lista de fórmulas químicas e abreviaturas

Formulas	Chemicals
CaO	Calcium oxide
OH	Hydroxyl ion
H_2O	Water
Al_2O_3	Aluminum oxide
Fe_2O_3	Ferrous oxide
SiO_2	Silicon dioxide
K_2O	Potassium oxide
TiO_2	Titanium dioxide
CO_2	Carbon dioxide

Cement Notations	Minerals
CH	Portlandite
H	Water
C-S-H	Calcium silicate hydrate
C-A-S-H	Calcium aluminosilicate hydrate
C_2S	Dicalcium silicate
C_3S	Tricalcium silicate
C_3A	Tricalcium aluminate

Abbreviations	Meaning
ASTM	American Standard Testing and Materials
EN	Europeans Norm
SCMs	Supplementary Cementitious Materials
XRD	X-Ray Diffraction
XRF	X-Ray Florescence

TGA	Thermogravimetric Analysis
DTA	Differential Thermal Analysis
Pl	Portlandite
Cc	Calcite
Dl	Dolomite
Qz	Quartz
Il	Illite
Mv	Muscovite
Ml	Mullite
Ett	Ettringite
Mc	Microcline
Cb	Cristobalite
Oc	Orthoclase
Pc	Periclase
Ab	Albite
At	Anatase
Rt	Rutile
Cd	Corundum
Hg	Hydrogarnet
Hc	Hydrocalumite
HA	Hermocarbo-Aluminate
MA	Monocarbo-Aluminate

Índice

1. Introdução

A densidade populacional global tem vindo a aumentar e muitos projectos de construção também estão a aumentar para acomodar a população em crescimento. Os materiais à base de cimento Portland, como o betão, têm sido o material de eleição devido à sua vasta aplicação na construção e ao baixo custo de produção. Em 2023, a procura global de betão e de produção de cimento é de 3,5 Gt e 4.5 Gt, respetivamente [1].

A produção de clínquer de cimento apresenta desafios ambientais e energéticos, uma vez que a descarbonização do calcário ($CaCO_3$) liberta dióxido de carbono para o ambiente. Este processo também ocorre a altas temperaturas, o que consome muita energia. A descarbonização do calcário é responsável por cerca de 60% do CO_2 libertado, enquanto os restantes 40% provêm do aquecimento de combustíveis fósseis para alimentar os fornos rotativos a 1450° C. Por cada tonelada de cimento produzida, são emitidas, em média, 0,86 toneladas de CO_2. Consequentemente, a indústria do cimento é responsável por cerca de 4% das emissões globais de gases com efeito de estufa e 8% das emissões de CO_2 [15].

Existe atualmente uma procura urgente para que as indústrias do cimento e do betão encontrem uma abordagem mais sustentável para a sua produção sem reduzir a qualidade dos seus produtos. Para o efeito, estão em vigor políticas governamentais, como a da Comissão Europeia, que visa descarbonizar todos os processos industriais até ao mínimo possível em 2050 [3].

Foram sugeridas muitas vias para descarbonizar o processo, tais como a utilização de fontes de energia renováveis para alimentar os fornos rotativos, como a biomassa, as micro-ondas, a captura de carbono, etc. A produção, armazenamento e fornecimento de energia têm sido alguns dos desafios que se colocam a esta via, uma vez que muitas delas ainda se encontram em fase de investigação e desenvolvimento [7]. A outra via é a utilização de pozolanas como materiais cimentícios suplementares (SCMs). Atualmente, são utilizados alguns pozolanas sintéticos como subprodutos de processos industriais, como as escórias de alto-forno da produção de aço e as cinzas volantes da combustão do carvão [8]. A utilização destes materiais continua a suscitar preocupações, uma vez que a sua produção também não é amiga do ambiente e a maioria deles está quase esgotada. A atenção centra-se nos pozolanas naturais, como a argila e os minerais de argila, como materiais potenciais devido à sua disponibilidade abundante, produção sustentável e baixo custo de produção [10].

O principal fator de desafio para a utilização de argilas como pozolanas reside na análise e avaliação adequadas para prever o seu comportamento no que diz respeito à estabilidade em diferentes intervalos de temperatura que conduzem à sua atividade pozolânica. A base para isto é determinar a temperatura e o tempo de ativação ideais em que a sílica e a alumina activas estão presentes em quantidades elevadas, e isto depende principalmente da estrutura das argilas e das suas composições químicas [2].

As diferentes argilas e minerais de argila são compostos por várias estruturas e composições químicas. As suas origens, morfologias e presença de impurezas têm uma influência muito significativa na sua estabilidade térmica a diferentes temperaturas e tempos [16]. É um facto bem conhecido que estas argilas e minerais de argila não existem em formas puras e, como resultado, as impurezas podem afetar a sua temperatura e tempo óptimos de calcinação, o que determina a temperatura e o tempo de transição para a fase amorfa e dá uma ideia de quando é atingida a recristalização [12].

Muitos autores têm previsto diferentes temperaturas óptimas de ativação e intervalos de tempo em que as fases amorfas são atingidas. Os principais aspectos considerados são o grau de cristalinidade, as impurezas, a origem e as composições químicas das argilas e dos minerais argilosos, que conduzem a actividades pozolânicas elevadas, médias ou baixas [21]. Isto explica que estes factores são específicos do material e que não existe uma correlação linear entre estes factores e a atividade pozolânica que conduz à resistência da argamassa de cimento endurecida na fase posterior de cura [23].

A perda de peso em diferentes intervalos de temperatura/tempo e as várias reacções que ocorreram durante o processo podem ser estudadas através da Análise Termogravimétrica e da Análise Térmica Diferencial a uma taxa de aquecimento de 10° C/min sob uma condição de vácuo na presença de gás nitrogénio [6]. As perdas de peso percentuais totais foram determinadas em intervalos de temperatura de ativação óptimos através de curvas TGA que prevêem a perda de peso percentual do grau de desidroxilação. Várias reacções, tais como dessorção, decomposição, desidroxilação e recristalização, foram monitorizadas a diferentes temperaturas, mostrando as transições de transformação ou o processo da fase cristalina (ordenada) para a fase amorfa (desordenada) e, posteriormente, a fase de recristalização (ordenada) [7]. Esta é uma ferramenta muito poderosa para examinar corretamente a estabilidade e o comportamento dos materiais em função da temperatura e do tempo. O grau de desidroxilação pode ser calculado dividindo a perda de peso causada pela amostra restante pela perda de peso da fração inicial da amostra. Isto é utilizado como um bom indicador para determinar a temperatura de ativação óptima da amostra [12].

A mistura de argilas calcinadas e minerais argilosos foi estudada por muitos autores e todos eles concordaram que a substituição de materiais cimentícios suplementares (pozolanas) confere uma resistência adicional à argamassa de cimento endurecida numa fase posterior. Isto deve-se ao facto de as partículas finas destes materiais reduzirem a porosidade da pasta de cimento endurecida ao preencherem os vazios criados no ambiente do cimento [13].

Foram sugeridas várias gamas de percentagens de substituição, tais como 10 - 40 % de substituição por argilas calcinadas, que dão quase as mesmas fases de hidratação com pouca diferença de quantidade e têm uma enorme influência na atividade pozolânica, conduzindo à resistência à compressão numa fase posterior da cura [14]. A escolha da percentagem de substituição terá uma enorme influência na trabalhabilidade da argamassa de cimento e na taxa de dissolução da sílica e da alumina presentes nas argilas calcinadas, levando à taxa de consumo do hidróxido de cálcio (portlandite) produzido durante a primeira fase de hidratação. Isto, de facto, determinará quão rápido, médio ou baixo os materiais responderão ao teste de atividade pozolânica [13].

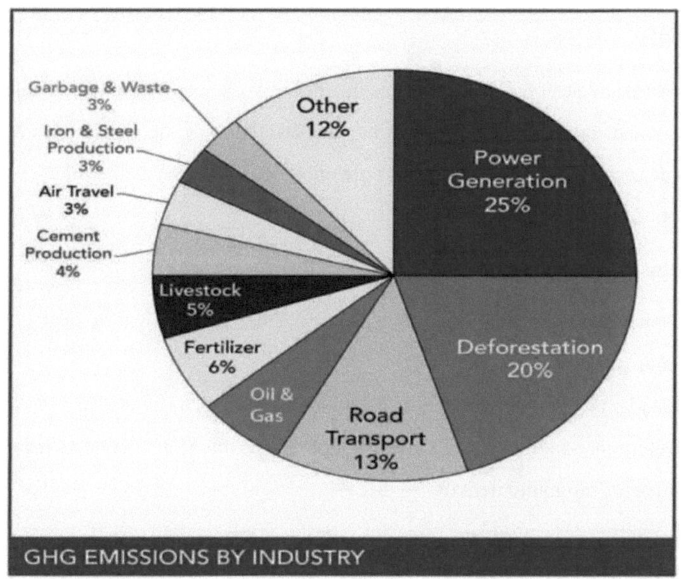

Figura ¡:Emissões globais de dióxido de carbono; https://www.carbonbrief.org/qa-why-cement-emissions-matter-for-climate-change.

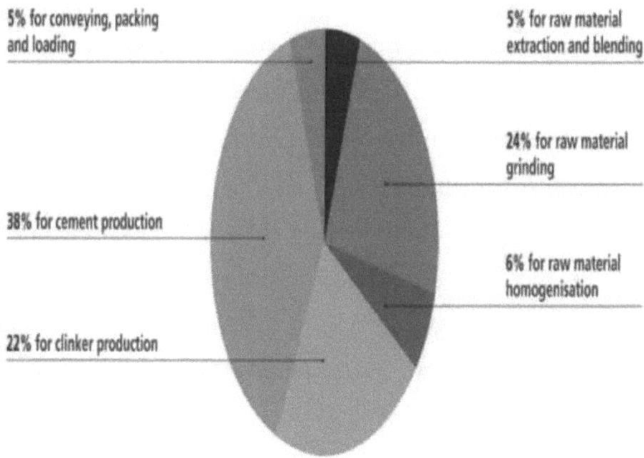

Figura 2: Procura de energia na produção de cimento; https://www.carbonbrief.org/qa-why-cement-emissions-matter-for-climate- change.

1.1 Motivação

O objetivo básico e os objectivos deste estudo derivam da combinação fascinante da mineralogia e da química para examinar as potencialidades de algumas argilas e minerais de argila para serem utilizados como potenciais materiais cimentícios suplementares [22].

Estes passos podem ser resumidos da seguinte forma:

- Caracterizar argilas brutas e minerais de argila para examinar as suas composições químicas.
- Estudar as diferenças estruturais e as alterações após a calcinação.
- Determinar a temperatura e o tempo óptimos de ativação em que os materiais amorfos são muito activos.
- Compreender a atividade pozolânica destas argilas e minerais argilosos como ferramenta para a hidratação do cimento e resistência à compressão.
- Investigar a reatividade destas argilas em função das suas composições químicas.

1.2 Produção de cimento

O cimento Portland é o material aglutinante mais desejado para o betão e a argamassa e apresenta propriedades hidráulicas quando lhe é adicionada água. A produção de cimento começa com a descarbonização do calcário e de pequenas quantidades de marga, xisto ou argila num forno rotativo a cerca de 1000° C para produzir óxido de cálcio (cal) e o dióxido de carbono é libertado para o ambiente durante este processo. O CaO juntamente com o SiO_2 e o Al O_{23} formam as fases do clínquer a temperaturas de cerca de 1400° C - 1450° C. Depois de se deixar arrefecer o material do clínquer, adiciona-se-lhe cerca de 5 % de gesso (um agente de endurecimento). Depois, é moído e devidamente misturado para formar o cimento Portland [5].

$$CaCO_3 \longrightarrow CaO + CO_2$$

A cal reage com o dióxido de silício para formar silicatos dicálcicos e tricálcicos (C2S e C3S).

$$2\,CaO + SiO_2 \longrightarrow 2\,CaO.\,SiO_2$$

$$3\,CaO + SiO_2 \longrightarrow 3\,CaO.\,SiO_2$$

A cal reage com o óxido de alumínio para formar aluminato tricálcico (C3A).

$$3\,CaO + Al_2O_3 \longrightarrow 3\,CaO.\,Al_2O_3$$

O óxido de cálcio, o óxido de alumínio e o óxido ferroso reagem entre si para formar o cimento.

$$4\,CaO + Al_2O_3 + Fe_2O_3 \longrightarrow 4\,CaO.\,Al_2O_3.\,Fe_2O_3$$

Na norma ASTM C 150, o cimento Portland é descrito como um material hidráulico constituído por dois terços em massa de silicatos de cálcio e o restante em massa de fases contendo alumínio e ferro e outros compostos. A relação entre a sílica e o óxido de cálcio não deve ser inferior a 2,0 e o teor de óxido de magnésio não deve ser superior a 5 % em massa [23].

O cimento Portland normal consiste em cerca de 95-100 % de material de clínquer puro classificado como CEM 1 (EN-197-1: Comité Europeu de Normalização). O peso médio dos constituintes do clínquer Portland é de 50-70 % de silicato tricálcico (C3S; alite), 5-30 % de silicato dicálcico (C2S; belite), 5-10 % de aluminato tricálcico (C3A) e 5-15 % de aluminoferrite tetracálcica (C4AF). O cimento pozolânico é obtido, referido como CEM IV, quando parte do clínquer Portland é substituído por argilas calcinadas com uma relação de cerca de 45-89 % de material de clínquer e 11-55 % de pozolanas [26].

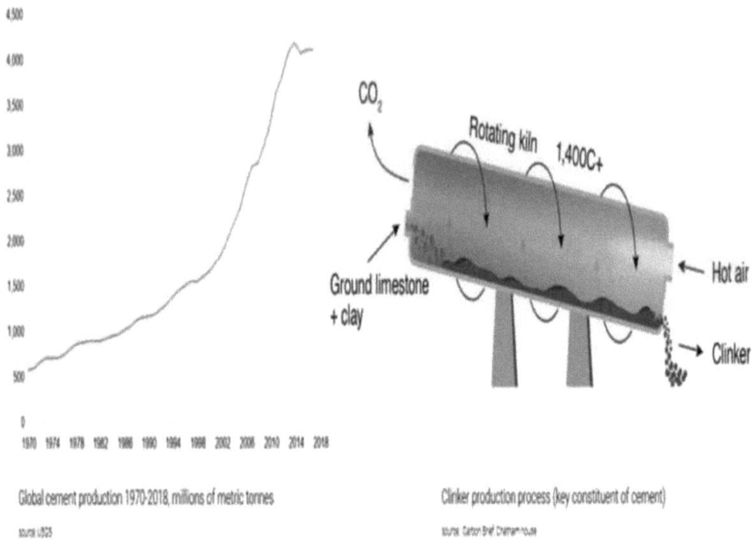

Figura 3: Emissões globais da produção de cimento; https://www.carbonbrief.org/qa-why-cement-emissions-matter-for-climate- change.

1.2.1 Hidratação do cimento

A hidratação do cimento é uma reação química frequentemente referida como uma reação hidráulica que é iniciada pela adição de água, contribuindo para a fixação e o endurecimento da argamassa de pasta de cimento. Os produtos de hidratação (fases de hidratação) que se formam contribuem para a resistência à compressão do betão em fases posteriores do tempo de cura [16].

A belite (C2S) e a alite (C3S) reagem com a água para formar hidrato de silicato dicálcico (C-S-H), hidrato de silicato tricálcico (C-S-H) e hidróxido de cálcio (CH); portlandite, respetivamente.

$$C_2S + H \longrightarrow C\text{-}S\text{-}H + CH$$

$$C_3S + H \longrightarrow C\text{-}S\text{-}H + CH$$

O aluminato tricálcico (C3A) reage com a água na presença de gesso para formar a etringite, que é uma fase posterior muito evidente na hidratação do cimento. Imediatamente após a utilização de todos os sulfatos fornecidos pelo gesso, a etringite, que é agora instável, reagirá mais tarde com o aluminato tricálcico remanescente na presença de água para formar um hidrato de aluminato monossulfatado (fase Afm) [13].

$$C_3A + CSH_2 + H \longrightarrow C\text{-}A\text{-}S\text{-}H$$

Os principais constituintes de uma pasta de cimento endurecida consistem em 50-60 % de C-S-H, 20 - 25 % de cal, 15 - 20 % de etringite e 5 - 6 % de vazios e ar aprisionado; a presença de portlandite não reagida inicia a atividade pozolânica [20]. O conjunto de produtos de hidratação do cimento é apresentado na Tabela 1:

Tabela 1: Produtos de hidratação da argamassa de cimento endurecida.

Hydration Phases	Chemicals	Cement Notations
AFm Phases:		
Hermicarboaluminate	$Ca_4Al_2O_7(CO_2)_{0.5}.12H_2O$	$C_4A\ \check{C}0.5H_{12}$
Monocarboaluminate hydrate	$Ca_4Al_2O_7(CO_2).11H_2O$	$C_4A\ \check{C}H_{11}$
Stratlingite	$Ca_2Al_2SiO_7.8H_2O$	C_2ASH_8
Tetracalcium aluminate hydrate	$Ca_4[Al(OH)_6]_2.7H_2O$	C_4AH_{13}
Aft Phases:		
Ettringite	$Ca_6Al(SO_4)_3(OH)_{12}.26H_2O$	$C_6AS_3H_{32}$
Alite	Ca_3SiO_5	C_3S
Belite	Ca_2SiO_4	C_2S
Calcite	$CaCO_3$	$C\ \check{C}$
Calcium silicate aluminate hydrate	$CaO.Al_2SiO_3.SiO_2.H_2O$	C-A-S-H
Calcium silicate hydrate	$CaO.SiO_2.H_2O$	C-S-H
Hydrogarnet	$Ca_3Al_2(OH)_{12}$	C_3AH_6
Portlandite	$Ca(OH)_2$	CH

1.2.2 Atividade pozolânica

No sistema natural, a reação pozolânica deve-se à reação entre o material de aluminossilicato (AS) ou pozolana e a portlandite (CH) na presença de água, que formam novos produtos de hidratação com propriedades cimentícias. De especial importância para isto é a disponibilidade de iões Ca^2 + da portlandite e iões Si^4 + e Al^3 + do material pozolânico [30]. É de importância fundamental para os chamados cimentos romanos e para os cimentos pozolânicos modernos (CEM-IV). A reação pozolânica pode ser escrita na forma geral como:

$$\mathbf{AS + CH + H \longrightarrow C\text{-}S\text{-}H + C\text{-}A\text{-}H}$$

Muitas vezes também se escreve como a reação da portlandite com o ácido silícico do material dissolvido como:

$$Ca(OH)_2 + H_2SiO_3 \longrightarrow CaSiO_3.2\,H_2O$$

A mistura de cimento com pozolanas fará com que as fases reactivas de silicato e alumina formadas reajam com a portlandite formada para produzir mais fases de hidratação como C-S-H, C-A-H e C-A-S-H que têm propriedades cimentícias [19]. Isto irá preencher os vazios formados na pasta de cimento hidratada e aumentar a resistência à compressão na fase posterior de cura. A energia livre de Gibbs é a força motriz desta reação e o fator de controlo é o processo com a energia de ativação mais elevada, que é alcançada pela libertação e dissolução da sílica ativa e da alumina da pozolana [11]. Tanto o elevado teor de álcalis do material do clínquer como a portlandite formada contribuíram para o ambiente alcalino necessário para a reação, que é um ambiente ideal para o cimento. O elevado pH da solução dos poros proporcionou o caminho para que os iões hidroxilo formados pela dissolução do hidróxido de cálcio se ligassem às pozolanas e quebrassem a ligação Al2O3-SiO2 [10].

Os iões de cálcio e hidroxilo libertados na solução irão reagir com os produtos e gerar novas fases Aft e Afm e isto depende unicamente da relação Si/Al presente nos pozolanas. Isto tem um efeito muito elevado no tipo de fases Afm formadas, uma vez que mais alumina precipitará estratlingite e mais silicato dará invariavelmente fases C-A-S-H [25].

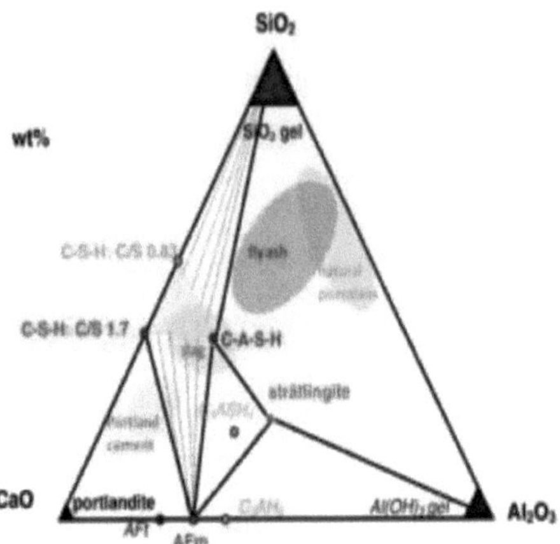

Figura 4: Diagrama ternário do sistema CaO-SiO2-Al2O3 com indicação dos produtos de hidratação[25].

1.3 Argilas e minerais de argila

Existe sempre confusão entre a interpretação e o significado dos termos argila e minerais de argila, o que resulta numa representação incorrecta dos mesmos. Todos eles são materiais cerâmicos naturais que se encontram em abundância na crosta terrestre [21].

As argilas são materiais de solo naturais com menos de 2 µm de tamanho de partícula que se formam devido à meteorização de rochas ígneas. Desenvolvem plasticidade quando misturadas com água e transformam-se em material cerâmico (tijolos, telhas, etc.) quando aquecidas a altas temperaturas [19]. Estes materiais contêm argilominerais como caulinite, ilite e/ou montmorilonite, e algumas partículas finas residuais de micas verdadeiras não completamente intemperizadas (moscovite, biotite, clorite). As argilas, no entanto, também contêm minerais de silicato que não são folhas, como quartzo, feldspatos, carbonatos, etc. Com base no seu conteúdo mineral e na quantidade de minerais de argila, são utilizadas para diferentes aplicações [24]. Como são quase monominerais (caulinite), são utilizadas nas indústrias da porcelana e da cerâmica, enquanto os materiais menos ricos em minerais argilosos são utilizados nas indústrias de tijolos e telhas. As argilas típicas são apresentadas na Figura 5. Estes são os materiais investigados no âmbito deste estudo. É de notar que, na amostra P2, o teor de minerais argilosos é baixo, mas deve ser designada como argila, uma vez que o termo inclui apenas a dimensão das partículas e as propriedades reológicas (plásticas).

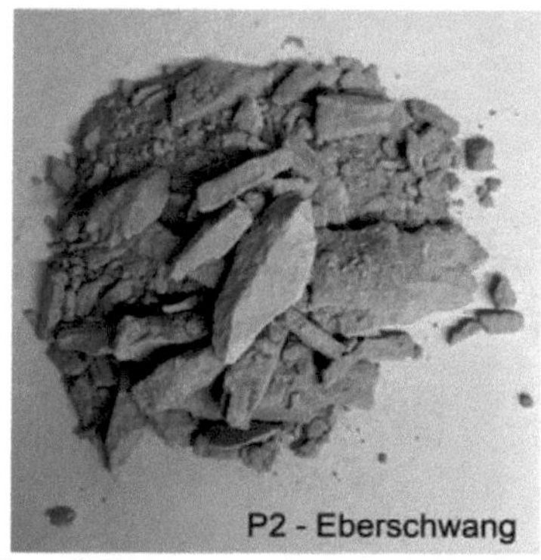

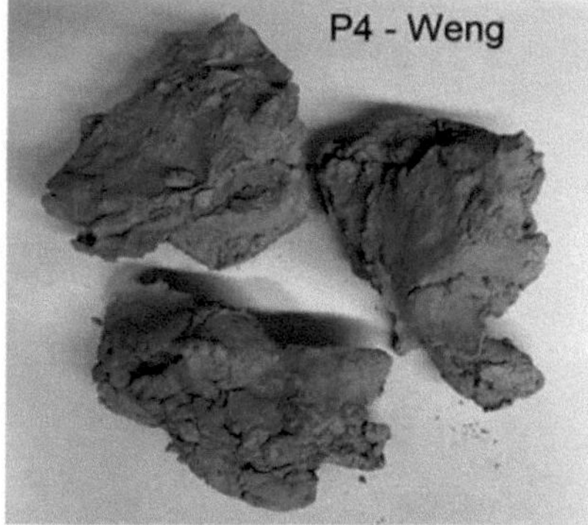

Figura 5: Duas amostras típicas de argila, utilizadas neste estudo. A amostra P2 - Eberschwang é um material rico em carbonatos e silicatos com baixa quantidade de argilominerais, tipicamente utilizado como matéria-prima para telhas, enquanto a amostra P4 - Weng é um sedimento lacustre "gordo" rico em argilominerais.

Os minerais de argila propriamente ditos são minerais filossilicatos hidratados que incluem materiais como caulinite, montmorilonite, clorite, ilite, etc. [29]. A amostra apresentada na figura 6 é uma caulinite natural de Schwertberg, na Alta Áustria (A), uma vez que se encontra no depósito como uma mistura íntima de quartzo residual de caulinite. Durante o processamento da matéria-prima, o SiO_2 é separado e obtém-se caulinite quase pura (peças na parte inferior da Figura 6)

Figura 6: Amostra de caulinite (P9) utilizada para este estudo.

1.3.1 Estrutura dos minerais de argila

Os minerais de argila pertencem ao grande grupo dos filossilicatos. A estrutura da argila contém muitas folhas tetraédricas e octaédricas alternadas que estão ligadas entre si por ligações fracas de hidrogénio (forças de Van der Waals) [22]. Quatro átomos de oxigénio estão ligados às folhas tetraédricas (T) que contêm iões Si^4 + e em cada tetraedro, quatro ou três átomos de hidrogénio são partilhados por um átomo vizinho para formar uma rede hexagonal. Seis átomos de oxigénio ou hidroxilo (OH^-) estão ligados à folha octaédrica (O) que contém o ião Al^3 + e o octaédrico está ligado através da partilha de todos os grupos de oxigénio ou hidroxilo entre si [24].

A ordem pela qual a folha tetraédrica está disposta ou empilhada na folha octaédrica determinará o grupo de argila. Existem duas classificações principais de grupos de argilas; a primeira pertence ao grupo 1:1 (TO). Aqui uma folha tetraédrica está unida a uma folha octaédrica e a caulinite é um exemplo de argila deste grupo. O segundo grupo tem uma folha octaédrica que se junta a duas folhas tetraédricas e é classificado como grupo 2:1 (TOT). Alguns exemplos de argilas que pertencem a este grupo são a ilite, a montmorilonite, as micas, etc. [23]. Existe uma terceira possibilidade que é observada na Clorite; onde um espaço entre camadas na camada 2:1 é preenchido com uma folha octaédrica adicional formando um grupo 2:1:1 (TOTO).

1.3.2 Caulinite

Os minerais de argila caulinite ocorrem em abundância nos solos que se formaram devido à meteorização química de rochas ricas em feldspato em climas quentes e húmidos. É um dos minerais de argila mais comuns que é extraído como caulino em muitos países como a China, Austrália, EUA, etc. Este mineral pertence ao grupo de 1:1 (silicatos de folha TO); onde uma folha tetraédrica está ligada a uma folha octaédrica por uma fraca ligação de hidrogénio e o espaçamento basal na direção c é de cerca de 7,16 Â [15]. Os átomos partilhados são principalmente iões hidroxilo e a ligação entre o tetraédrico e o octaédrico só pode acontecer quando os ângulos e as distâncias entre os átomos de oxigénio estão ligeiramente distorcidos. Isto explica porque é que a caulinite é triclínica em vez de monoclínica e tem um habitus de rede hexagonal. A ordenação das partículas aparece como placas e as partículas mais pequenas, menos ordenadas, aparecem como planos irregulares. As dimensões laterais das partículas de caulinite situam-se entre 0,1 e 4 μm [19]. A fórmula estrutural da caulinite é $Al_2Si_2O_5(OH)_4$ e existe uma neutralidade de carga, uma vez que a carga negativa dos átomos de oxigénio é equilibrada pela carga positiva do catião Al^{3+} presente na folha octaédrica. A maioria dos autores concordou que a caulinite tem intervalos de temperatura de ativação óptima elevados de 600° C - 850° C, o que é atribuído ao seu elevado grau de cristalinidade (estrutura ordenada) e, como resultado, existe um grande intervalo entre as suas temperaturas de desidroxilação e recristalização [23].

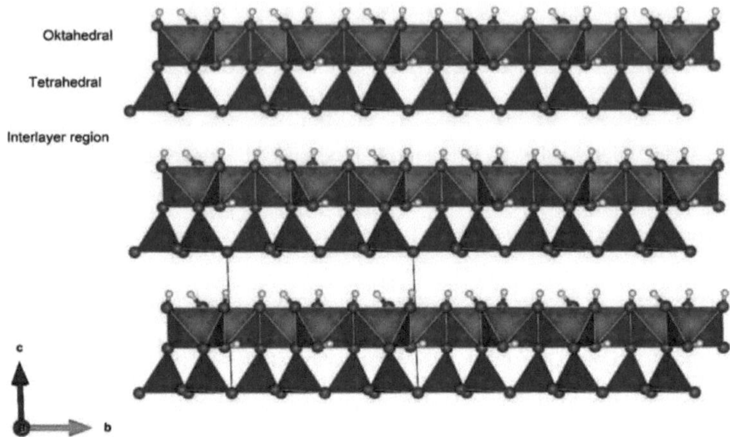

Figura 7: Estrutura cristalina da caulinite mostrando a camada intermédia totalmente hidratada; estrutura obtida a partir do VESTA.

1.3.3 Montmorillonite

Os minerais de argila montmorilonita podem ser formados devido à meteorização natural da caverna, que deixa para trás concentrações de aluminossilicatos nas rochas. Trata-se de uma subclasse da argila esmectite que pertence ao grupo 2:1 (silicatos de folha TOT), o que significa que duas folhas tetraédricas são ensanduichadas por uma folha octaédrica e a camada intermédia está totalmente hidratada, contendo catiões permutáveis como o sódio, o magnésio, o cálcio, etc. [21]. As partículas parecem placas com um diâmetro médio de 1 µm e uma espessura de cerca de 0,96 nm. A troca catiónica deve-se à substituição isomórfica de Mg por Al no plano central da alumina. Existe também neutralidade de carga, uma vez que a carga negativa dos átomos de oxigénio é equilibrada pela carga positiva central do catião [3]. A presença dos catiões na intercamada permite aumentar a capacidade de retenção de água, uma vez que a ligação é fraca, pois apresenta propriedades de inchamento. O espaçamento d aumenta quando a água é absorvida, resultando num espaçamento basal entre 9 e 15 Â na direção c. A fórmula estrutural na sua forma hidratada é $(Na,Ca)_{0.33}(Al,Mg)_2(Si_4O_{10})(OH)_2.nH_2O$

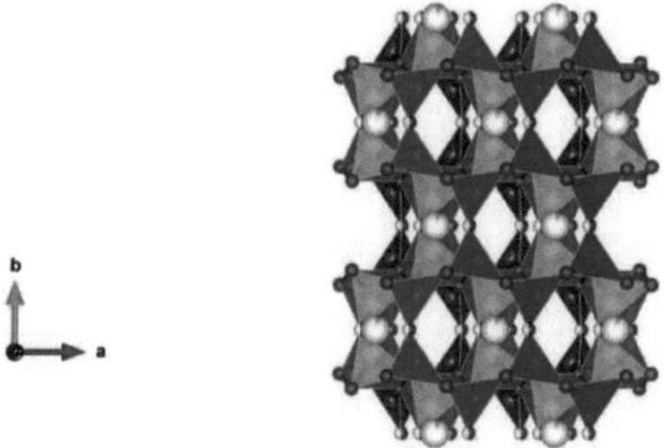

Figura 8: Estrutura cristalina da montmorilonite extraída do VESTA.

1.3.4 Clorito

O mineral de argila clorite é outro mineral comum formado devido à meteorização química de rochas ígneas principalmente sedimentares. Trata-se de um terceiro grupo classificado de folhas de filossilicato pertencente ao grupo 2:1:1 (silicatos de folha TOTO): o que significa que uma folha octaédrica adicional está ligada à camada 2:1 [11]. A intercamada é também totalmente hidratada, um silicato de quatro camadas, e existe uma neutralidade de carga total, uma vez que a carga negativa do átomo de oxigénio é equilibrada pela carga positiva líquida do catião central [13]. Estas camadas estão ligadas por forças fracas de Van der Waals. A fórmula estrutural é $(Fe,Mg,Al)_6[Si_4O_{10}(OH)_8]$.

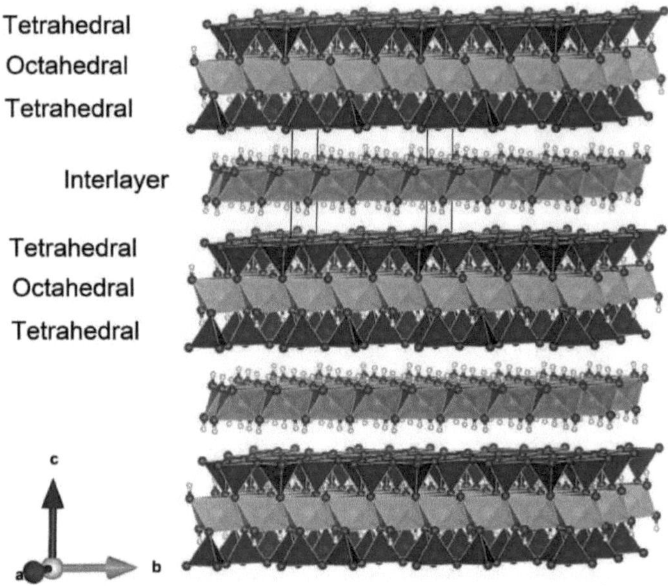

Figura 9: Estrutura cristalina da clorite vista quase perpendicularmente ao eixo cristalográfico a -. A camada cor-de-rosa é a camada intermédia tipo brucite totalmente hidratada. Desenho efectuado com VESTA; dados da estrutura retirados de Zanazzi et al. (2006).

1.4 Pozolana

A pozolana é um material compósito constituído por sílica reactiva ou sílica-alumina e alumina, que não tem propriedades cimentícias, mas que, quando é adicionada água e à temperatura ambiente, reage com produtos de hidratação do cimento, como a portlandite, para formar novos compostos com propriedades cimentícias [22].

De acordo com a norma ASTM 593-82, os pozolanas são classificados em dois grupos: pozolanas naturais e sintéticas (artificiais). Os naturais são formados por materiais naturais, tais como rochas ígneas como cinzas vulcânicas ou lava contendo sílica reactiva e rochas sedimentares biogénicas como a diatomite e a radiolarite também podem ser utilizadas [26].

Os pozolantes sintéticos provêm maioritariamente de subprodutos industriais, tais como cinzas volantes da combustão de carvão, escórias de alto-forno da produção de aço, fumos de sílica e cinzas de casca de arroz, etc. Uma das fontes importantes de pozolanas são as argilas calcinadas e a sua utilização depende da abundância destes materiais e da qualidade acrescentada à durabilidade do betão [20].

2. Experimentais

As estratégias e metodologias experimentais aplicadas durante o processo de investigação incorporaram etapas de caraterização mineralógica envolvendo avaliações in-situ e ex-situ das argilas e argilominerais estudados; considerando também a química envolvida através das etapas de reação que conduzem à atividade pozolânica. Estes passos foram correta e adequadamente seguidos até ao fim e podem ser enumerados na Figura 10:

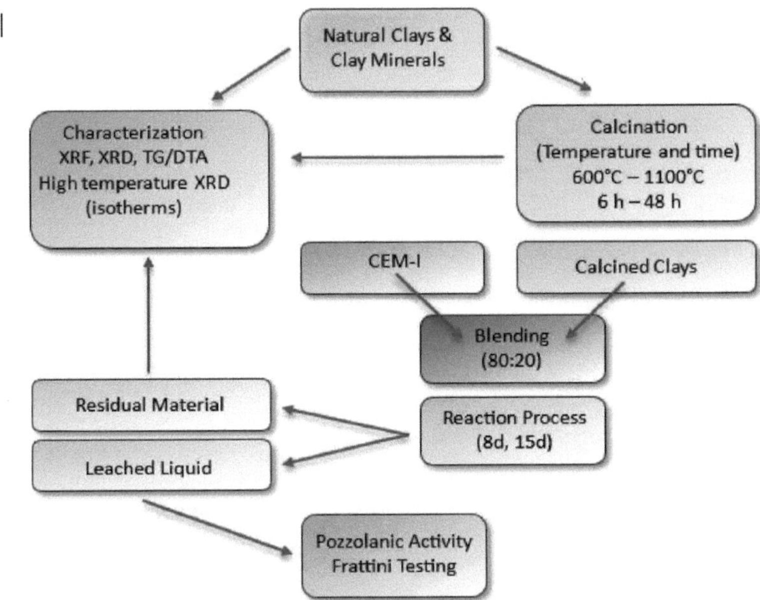

Figura 10: Estratégia de trabalho e montagem experimental da presente tese.

2.1 Medidas padrão

Para obter uma caraterização repetitiva e reprodutível das fases qualitativas e quantitativas das amostras (argilas em bruto e calcinadas), foram examinadas as medições e avaliações padrão de XRD das amostras para estabelecer as fases presentes a diferentes temperaturas e intervalos de tempo. As preparações das amostras e as análises dos espectros foram obtidas seguindo os procedimentos padrão enumerados abaixo.

2.2 Amostras estudadas

Para este estudo, foram selecionadas seis (6) argilas naturais e três (3) argilominerais típicos, conforme indicado na Tabela 2. Algumas pré-caracterizações mineralógicas das argilas foram efectuadas em Meissl (2023) e Weinberger (2024). Nestes trabalhos, podem ser encontradas descrições da localização do material e do enquadramento geológico dos materiais, que não serão repetidas aqui. Foram selecionados três argilominerais naturais típicos com base na sua abundância em argilas naturais, nomeadamente caulinite, montmorilonite STx-1 e ilite.

Quadro 2: Amostras estudadas.

Sample ID	Type	Locality
P1	Natural clay	
P2	Natural clay	Eberschwang (Upper Austria, AT)
P3	Natural clay	Neundling/Mettmach (Upper Austria)
P4	Natural clay	Weng/Mattsee (Salzburg county,AT)
P11	Natural clay	Schlagmann/Poroton,Bavaria, Germany
Trass	Natural pozzolan	
P9	Kaolinite	Kamig, Schwertberg, Upper Austria
STx-1	Montmorillonite	Gonzales Mine
	Illite	

A argila e os minerais argilosos foram examinados utilizando a espetroscopia de fluorescência de raios X (XRF) para obter as suas principais composições químicas em percentagem de peso, a difração de raios X (XRD) para a determinação do conteúdo da fase mineralógica e a análise DTA/DSC para obter uma compreensão do comportamento térmico. Por fim, as amostras activadas termicamente foram misturadas com cimento Portland e a atividade pozolânica foi determinada conforme descrito em pormenor abaixo.

2.3 Espectroscopia de fluorescência de raios X (XRF)

Para a análise por XRF das amostras para determinar as suas composições químicas, a amostra foi devidamente triturada para obter uma granulometria fina. Pesaram-se 9 g de cada uma das amostras para um recipiente e adicionou-se cerca de 1 ml de solução aglutinante (polivinilpirrolidona-metilcelulose). A mistura foi devidamente misturada com uma vareta de vidro para obter uma amostra homogénea e, em seguida, prensada para formar um pellet com uma prensa de cerca de 6 toneladas. Cada pellet de amostra foi limpo com ar e devidamente etiquetado com um autocolante. Além disso, as pastilhas de amostra foram secas durante a noite num forno elétrico a 80° C e deixadas arrefecer até à temperatura ambiente. Finalmente, as amostras foram colocadas em suportes de amostras e introduzidas na máquina pioneira XRF Brucker S4 para análise química de cada uma delas.

Figura 11: Máquina de fluorescência de raios X utilizada para a análise da composição química das amostras.

2.4 Experiências de aquecimento

As experiências de aquecimento foram realizadas para obter informações ex-situ sobre a estabilidade térmica e os tempos de reação para converter os materiais de partida em argilas activadas. Estas experiências foram efectuadas em cinco (5) amostras, nomeadamente P2, P3, P11, P9 e STx-1. Para este estudo, as argilas e os argilominerais foram submetidos a um processo de calcinação a temperaturas entre 600° C e 1100° C e a intervalos de tempo entre 6 h e 48 h num forno elétrico, mantendo uma taxa de aquecimento de 5° C/min e um tempo de permanência de 20 mins/100° C. No final de cada temperatura e intervalo de tempo, as amostras foram arrefecidas até à temperatura ambiente e foram devidamente moídas durante cerca de 30 mins com um pilão e um almofariz para obter um tamanho de grão fino. As experiências foram realizadas numa mufla Nabertherm com a amostra (cerca de 100 mg) colocada em barcos de Al2O3, como mostra a Figura 12:

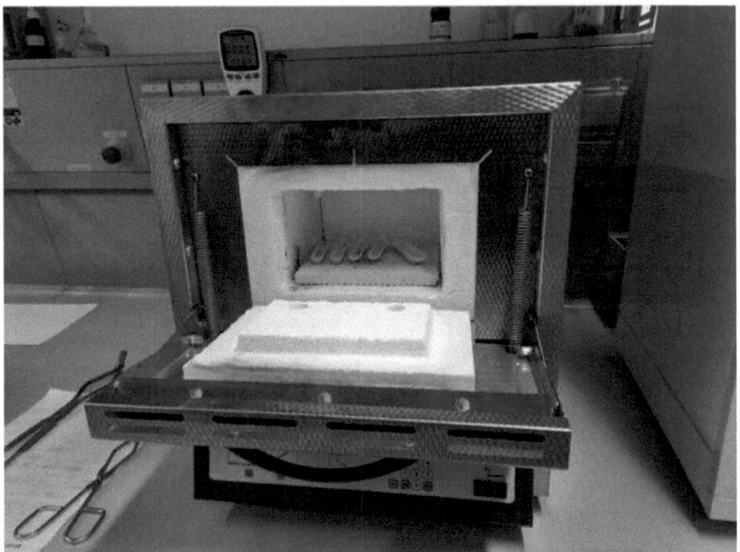

Figura 12: Forno elétrico com cadinhos de alumínio utilizados para o aquecimento das amostras.

2.5 Análise térmica (TGA/DTA)

Para este estudo, as argilas e as amostras de minerais argilosos foram secas durante a noite num forno elétrico a 60° C e armazenadas num exsicador antes da análise para manter uma humidade semelhante para todas as amostras. As medições foram efectuadas utilizando um instrumento Netzsch STA 409PC com registos precisos de TGA e DTA. As amostras foram aquecidas em cadinhos de Al2O3 a partir de 25° C1200° C a uma taxa de aquecimento de 10° C/min numa condição de vácuo de gás nitrogénio. Para manter a precisão dos resultados quantitativos, o instrumento foi devidamente calibrado com padrões de medição conhecidos para obter uma curva de calibração fiável. O mesmo procedimento foi aplicado ao cadinho para manter a temperatura e a sensibilidade fiáveis.

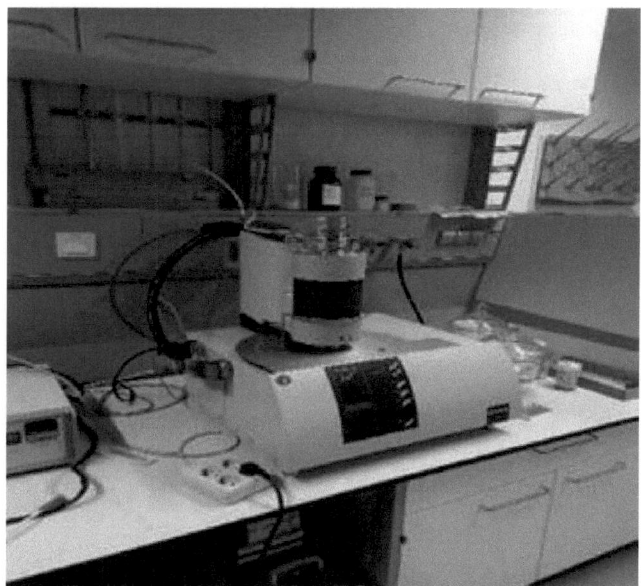

Figura 13: Máquina TGA/DTA utilizada para monitorizar a perda de peso das amostras.

2.6 Difração de raios X

Para obter o conteúdo qualitativo e quantitativo das fases das amostras pristinas e tratadas termicamente (argilas brutas e calcinadas), foram recolhidos dados de difração de raios X em pó à temperatura ambiente, em modo Theta-Theta acoplado, num difratómetro *Bruker D8 Advance* com DaVinci-Design, com um raio de goniómetro de 280 mm e equipado com um detetor rápido *Lynxeye* de estado sólido e um trocador automático de amostras. A aquisição de dados foi efectuada utilizando radiação Cu $K\alpha_{1,2}$ (40 mA, 40 kV) entre 10° e 85° 2Theta, com um tamanho de passo de 0,015°, tempo de integração de 1 segundo, com a fenda de divergência e as fendas de receção abertas a 0,3° e 2,5°, respetivamente; foi utilizada uma fenda Soller primária e secundária de 2,5° para minimizar a divergência axial e o ângulo de abertura da janela do detetor foi escolhido como 2,95°.

Além disso, a reação pozolânica que ocorreu a longo prazo (8-15 dias) das misturas de cimento e os produtos de hidratação formados foram também examinados através de XRD para compreender a influência da mineralogia das amostras em bruto e os produtos de hidratação formados.

As amostras de argila crua e calcinada, bem como os resíduos das reacções pozolânicas, foram finamente moídos e preparados para a medição por XRD utilizando isopropanol como agente dispersante em lâminas de vidro. As fases presentes a cada temperatura e intervalos de tempo foram determinadas através da avaliação XRD utilizando as técnicas de correspondência de padrões Diffrac-Eva e de refinamento TOPAS Rietveld.

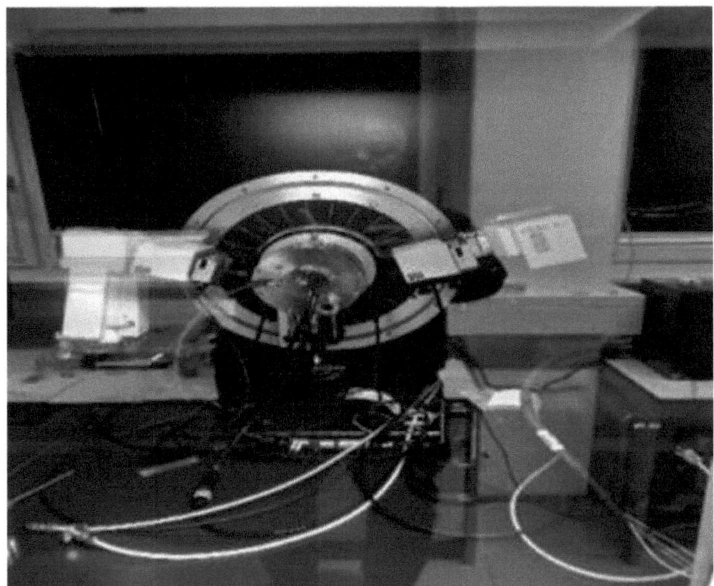

Figura 14: Difractómetro de raios X utilizado para análises de amostras in-situ e ex-situ.

2.6.1 Experiências de alta temperatura in-situ

O exame in-situ a alta temperatura das amostras de argila crua foi investigado por difração de raios X para observar o desaparecimento e o aparecimento de picos a diferentes temperaturas, mostrando a transformação em várias fases em função do aumento da temperatura. Este é um passo muito importante utilizado para comparar e correlacionar a influência do tratamento térmico da argila calcinada com a transformação que ocorreu em função da temperatura e do tempo, tanto na caraterização insitu como ex-situ das amostras.

Para este estudo, amostras selecionadas não tratadas foram prensadas à mão em suportes de amostras de corindo e transferidas para um forno de aquecimento Anton Paar HKT-1200, instalado num segundo difratómetro Brucker D8. As amostras foram aquecidas desde a temperatura ambiente até 1000° C, a recolha de dados foi efectuada isotermicamente a cada 10° C com aquecimento imediato a uma taxa de 60° C até à nova temperatura alvo. Os exames foram recolhidos entre 5° e 85° 2 theta, dando origem a um tempo total de medição de 6 minutos para cada passo de temperatura. Os diferentes dados de difração obtidos foram estudados de perto para obter mais informações sobre as alterações no desaparecimento e formação de picos a temperaturas específicas, confirmando a transformação em diferentes fases. As reacções químicas que tiveram lugar durante esta transformação estarão correlacionadas com as alterações dos picos observadas durante o processo de transformação.

Para obter informações sobre a cinética da reação, foram realizadas medições isotérmicas da caulinite durante um determinado período de tempo. Para tal, as isotérmicas foram medidas entre 450° C e 550° C com duas estratégias de varrimento diferentes. Para temperaturas mais baixas (e cinética lenta), os dados foram recolhidos entre 5° e 85° 2 Theta. Para temperaturas mais elevadas, a recolha de dados foi efectuada entre 10° e 90° 2 Theta.

À medida que a caulinite se transforma em meta-caulinite amorfa, a taxa de transformação foi determinada a partir do decaimento do pico de Bragg basal (0 0 1) da caulinite. Para tal, a intensidade integral do pico de Bragg (0 0 1) foi determinada pela opção de ajuste de pico (pseudo-linha reta) no Diffrac.EVA V6. As intensidades integrais foram transformadas para EXCEL, o valor à temperatura ambiente (e a 400°C) normalizado para corresponder a 100 % de caulinite e o decaimento do valor para corresponder ao aumento do teor de meta-caulinite amorfa.

2.7 Métodos de mistura de cimento

Para este estudo, todas as amostras estudadas quanto à atividade pozolânica foram misturadas utilizando uma razão de substituição de 20% e 80% de um cimento comercial CEM-1. Deste modo, a mistura segue a norma EN-196-1 e EN-195-5, que é a norma padrão utilizada para o ensaio de atividade pozolânica através do procedimento Frattini. As dez amostras examinadas foram preparadas através do aquecimento de 200 g de cada amostra a temperaturas de 600° C, 900° C e 1100° C durante 9 h. As amostras foram devidamente moídas por trituração de bolas para obter um tamanho de grão fino para uma maior área de superfície de reação. Para a mistura, 160 g de CEM-1 e 40 g do material de substituição foram pesados em conjunto e colocados num recipiente de plástico de 1 litro e misturados durante 1 h utilizando um agitador automático de amostras.

Figura 15: Amostras misturadas utilizadas no ensaio de atividade pozolânica.

2.8 Atividade pozolânica (ensaio Frattini)

Os ensaios para examinar a atividade pozolânica das misturas de cimento dividem-se em métodos que medem o consumo de hidróxido de cálcio (como o ensaio Chapelle - NF P18-513, o ensaio Frattini - EN 196-5 e o ensaio da cal saturada) e métodos indirectos que investigam a alteração da propriedade em relação à reação pozolânica (como o Índice de Atividade de Resistência - SAI (ASTM C311), a condutividade eléctrica e a alteração do pH da solução de hidróxido de cálcio e o calor de condução). A principal diferença entre os ensaios Chapelle e Frattini é que o ensaio Chapelle é efectuado a uma temperatura mais elevada de cerca de 90° C e em condições de agitação contínua, o que não é o ambiente normal do cimento. As experiências mostraram que uma mistura de 20 g de mistura de cimento e 100 ml de água a 40° C atingiu o equilíbrio após um período entre 8 e 15 dias.

Em seguida, pesaram-se 20 g de cada mistura das amostras em cinco recipientes de plástico diferentes, perfazendo um total de cinco amostras de 20 g de mistura de cada amostra examinada (ver Figura 15). Foram adicionados 100 ml de água destilada a cada recipiente com as misturas de 20 g e misturados corretamente durante 30 s para garantir uma mistura adequada para as misturas aquosas. Em seguida, as amostras foram armazenadas num forno elétrico a 40° C durante 8 d e 15 d para uma lixiviação adequada.

Foram utilizadas 3 amostras de cada uma para testar durante 8 dias e as restantes 2 amostras para testar durante 15 dias.

Os reagentes padrão utilizados foram preparados de acordo com os procedimentos da norma. O HCl 0,1 mol/l foi preparado pipetando 8,5 ml de ácido clorídrico concentrado para um balão volumétrico contendo 500 ml de água destilada e completando o volume até 1000 ml de água destilada. A solução de hidróxido de sódio foi preparada dissolvendo 100 g de NaOH em 1000 ml de água destilada. O indicador laranja de metilo foi preparado dissolvendo 0,04 g de laranja de metilo em 200 ml de água destilada e armazenado num recipiente de vidro. O indicador calcon foi preparado triturando 0,25 g de calcon com 25 g de sulfato de sódio e armazenado num recipiente de plástico. O EDTA (ácido etilenodiaminotetra-acético) 0,03 m/l foi preparado dissolvendo 11,17 g de EDTA em 1000 ml de água destilada num balão volumétrico. A solução de cálcio foi preparada dissolvendo 1 g de carbonato de cálcio em 100 ml de água destilada num copo de 400 ml e adicionando 10 ml de HCl diluído, que foi levado à ebulição e agitado continuamente para dissolver corretamente o carbonato de cálcio e expelir o dióxido de carbono dissolvido. Deixou-se arrefecer a solução e transferiu-se para um balão volumétrico, completando o volume até 1000 ml com água destilada.

Os passos da titulação foram seguidos rigorosamente o procedimento da norma. Para padronizar a solução de EDTA, pipetou-se 50 ml de solução de cálcio para um copo de 250 ml e adicionou-se 0,1 g de calcon. A mistura foi titulada com EDTA 0,03 mol/l até a cor mudar de cor-de-rosa para azul escuro. O volume de EDTA utilizado (V1) foi utilizado para calcinar o fator de EDTA utilizando a equação:

$$f1 = \frac{m1}{V1} * 16.652; m1 = mass\ of\ calcium\ carbonate\ in\ g, V1 = volume\ of\ EDTA\ used\ for\ the\ titration\ in\ ml$$

Para a padronização do HCl 0,1 mol/l, dissolveu-se 0,2 g de carbonato de sódio em 75 ml de água destilada num bico de 250 ml e adicionaram-se cinco gotas de indicador laranja de metilo. A mistura foi titulada com HCl 0,1 mol/l até à mudança de cor de amarelo para laranja. O volume de HCl utilizado (V2) foi utilizado para calcular o fator de HCl utilizando o formulário:

$$f2 = \frac{m2}{v2} * 188.70; m2 = mass\ of\ sodium\ carbonate\ in\ g, v2 = volume\ of\ HCl\ used\ for\ the\ titration\ in\ ml$$

As etapas de titulação das amostras começaram por filtrar cada amostra utilizando um balão de vácuo e papel de filtro, depois de as deixar arrefecer até à temperatura ambiente. Pipetaram-se 50 ml do filtrado para um copo de 250 ml e adicionaram-se cinco gotas de indicador laranja de metilo. Em seguida, a solução foi titulada com HCl 0,1 mol/l até a cor mudar de amarelo para laranja. O volume de HCl utilizado (V3) foi utilizado para calcular a concentração do ião hidroxilo [OH] utilizando o formulário:

$$[OH] = 2 * V3 * f2; V3 = volume\ of\ HCl\ used\ in\ ml, f2 = factor\ of\ HCl$$

Utilizaram-se gotas de solução de hidróxido de sódio para ajustar o pH da solução obtida após a titulação com HCl para 12,5. Em seguida, adicionou-se 0,1025 g de indicador de calcário à solução e titulou-se com EDTA 0,03 mol/l até à mudança de cor de rosa para azul escuro. O volume de EDTA utilizado (V4) foi utilizado para calcular a concentração de óxido de cálcio [CaO] utilizando o formulário:

$$[CaO] = 0.6 * V4 * f1; V4 = volume\ of\ EDTA\ used\ in\ ml, f1 = factor\ of\ EDTA.$$

Estes passos foram repetidos três vezes para cada uma das amostras e os volumes médios foram utilizados para os cálculos após 8 d. O mesmo processo foi repetido duas vezes para cada uma das amostras e os volumes médios foram utilizados para os cálculos após 15 d. A configuração típica para efetuar as titulações é mostrada na Figura 16. Os resíduos (Figura 17) foram secos ao ar, triturados e preparados para medições de XRD.

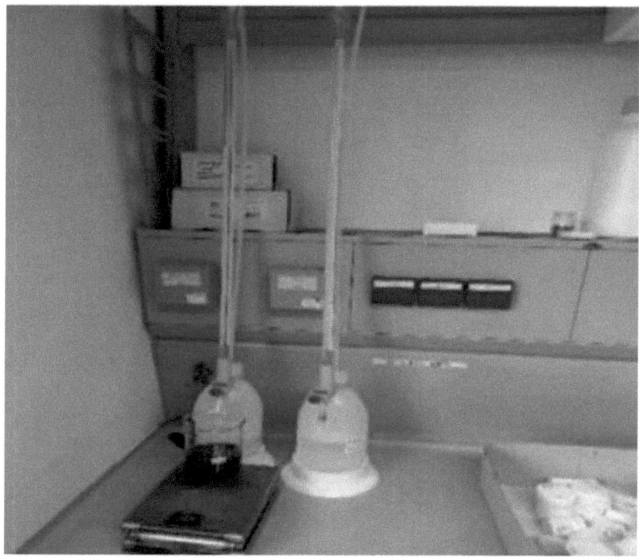

Figura 16: Titulação do ensaio Frattini Set-' Up.

Figura 17: Resíduos sólidos das amostras após o ensaio Frattini.

3. Resultados

As técnicas utilizadas durante este estudo basearam-se em avaliações adequadas da composição mineralógica destas amostras e da química subjacente às reacções observadas que conduzem à atividade pozolânica. As etapas de caraterização in-situ permitiram conhecer as principais composições químicas destas amostras de argila, que foram comparadas com os resultados da caraterização ex-situ para compreender adequadamente as alterações observadas com o tratamento térmico. A atividade pozolânica investigada iniciou uma base concreta e prática para categorizar estas amostras estudadas quanto ao seu potencial para serem utilizadas como Materiais Cimentícios Suplementares (SCMs). É sabido que as pozolanas, tanto naturais como sintéticas, podem contribuir para a resistência à compressão do betão numa fase posterior da cura, mas a compreensão adequada da mineralogia e da química subjacentes a estas propriedades é a chave para aplicar eficazmente esta tecnologia.

3.1 Composição química das argilas estudadas

As composições químicas das amostras de argila, obtidas por XRF, são apresentadas na Tabela 3:

Tabela 3: Composições químicas das amostras estudadas em percentagem em peso. Desvio padrão estimado inferior a 0,5 wt. % para todos os dados.

Samples	SiO_2	Al_2O_3	CaO	TiO_2	MgO	K_2O	Na_2O	Fe_2O_3
P2 (Ebe)	54.33	13.81	18.53	0.616	4.092	2.616	0.938	4.574
P3 (Neu)	70.21	17.12	0.7295	0.8623	1.88	2.35	1.295	4.98
P9 (Kaol)	54.9	40.93	0.5915	1.073	0.181	1.27	0.0552	0.756
P11 (Sch)	58.23	33.5	0.231	1.287	0.494	2.024	0.116	3.71
MONT	70.1	16.0	1.59	0.22	3.69	0.078	0.27	0.65

Os pesos obtidos a partir dos resultados das amostras deste estudo estavam dentro do campo de composição dos pozolanas naturais atualmente em uso para misturas de cimento Portland, como mostrado num diagrama terciário na Figura 18:

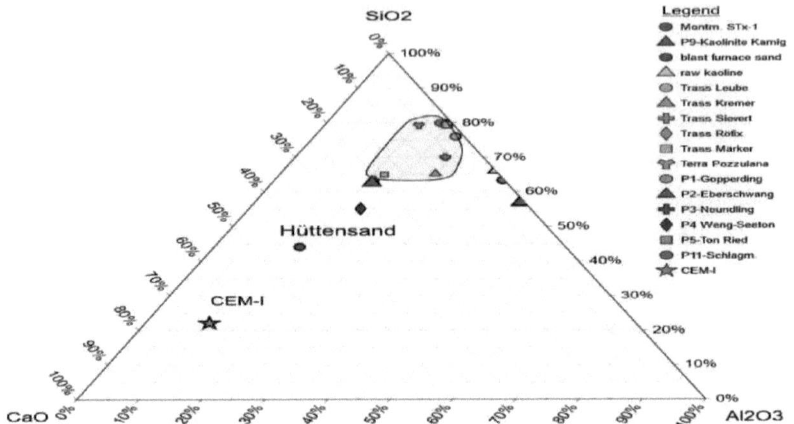

Figura 18: Representação em diagrama terciário da composição química das amostras em percentagem de peso em comparação com pozolanas naturais já em uso (campo verde).

É ainda evidente a partir da análise química que todas as amostras são baixas ou mesmo isentas de cálcio (por exemplo, minerais de argila de caulinite e montmorilonite). Além disso, os pozolanas naturais têm geralmente um baixo teor de cálcio mas um teor de sílica mais elevado do que, por exemplo, as areias de alto-forno da indústria siderúrgica. Além disso, todos os materiais cimentícios de substituição estão claramente fora da composição média da composição CEM1, como se pode ver facilmente na Figura 18.

3.2 Estabilidade térmica de argilas e minerais de argila

Os tratamentos térmicos que foram aplicados a estas amostras através de etapas de calcinação em intervalos de temperatura de 600° C - 1100° C e intervalos de tempo de 6 h - 48 h, previram uma temperatura de ativação e intervalo de tempo ótimos com base nas mudanças observadas através das transições de transformação em diferentes intervalos de temperatura e tempo. As interpretações técnicas para as mudanças na formação estrutural deram uma visão sobre a estabilidade dessas amostras e seus comportamentos ao tratamento térmico, levando à utilização efetiva como pozolanas potenciais que podem competir com as que já estão em uso nas indústrias.

Os pozóis são materiais compósitos que não têm propriedades cimentícias, mas que podem reagir com os produtos de hidratação formados; a portlandite (hidróxido de cálcio) para formar mais produtos de hidratação que têm propriedades cimentícias e aumentam a resistência à compressão da pasta de cimento endurecida numa fase posterior da cura.

3.3 Análise térmica

As análises térmicas realizadas nas amostras através de Análise Termogravimétrica (TGA) e Análise Térmica Diferencial (DTA), mostraram uma boa compreensão das principais etapas de reação que ocorreram durante o processo de perda de peso a diferentes temperaturas.

Para os argilominerais, a curva TGA da decomposição da caulinite mostrou uma perda de peso de cerca de 12,4 % a uma temperatura entre 400° C - 800° C. A curva DTA mostrou um pico de desidroxilação (endotérmico) a cerca de 545° C, provando uma transformação da fase cristalina para a fase amorfa e outro pico de recristalização (exotérmico) a cerca de 992° C, provando outra transformação para a fase cristalina com a formação de uma estrutura de mulita. Este facto pode ser claramente observado na Figura 19.

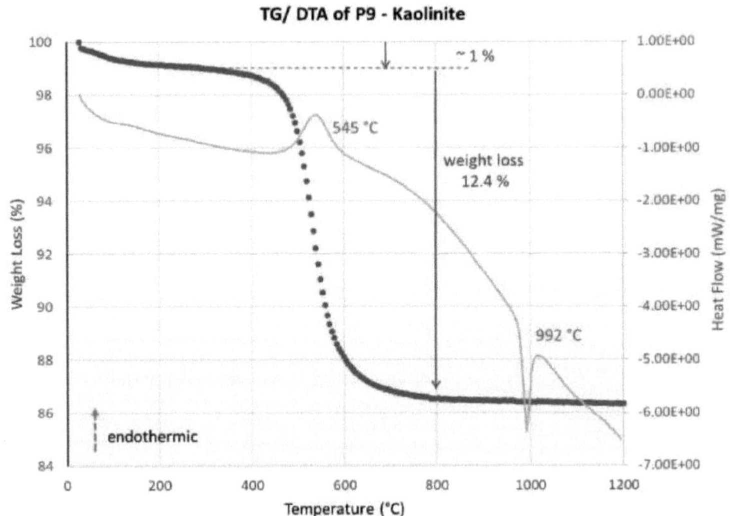

Figura 19: Curvas gráficas TG/DTA da caulinite (P9) mostrando a perda de peso a diferentes gamas de temperaturas.

Para a Montmorilonite (STx-1), a curva TGA é um pouco diferente e mostrou uma perda de peso total de cerca de 14,2 % a intervalos de temperatura entre 200° C - 800° C. A curva DTA mostrou picos de dessorção (remoção da água dos poros) a cerca de 128° C e 178° C, pico de desidroxilação (remoção dos grupos hidroxilo) a cerca de 680° C (reação endotérmica) e pico de recristalização (exotérmica) a cerca de 1100° C. Isto foi uma indicação da transformação da fase cristalina em fase amorfa e recristalização a temperaturas mais elevadas. Isto é mostrado na Figura 20.

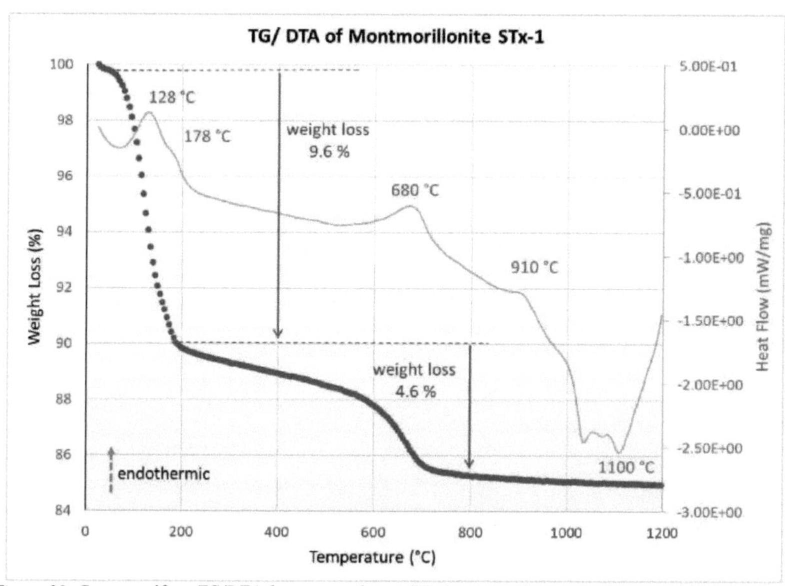

Figura 20: Curvas gráficas TG/DTA da montmorilonite (ST-x) mostrando a perda de peso a diferentes gamas de temperaturas.

Para as argilas, a curva TGA de P2 (Ebe) é apresentada como exemplo. A curva DTA mostrou um pico de dessorção (remoção da água dos poros) a cerca de 93° C, desidroxilação (remoção do grupo hidroxilo) e descarboxilação (remoção de CO_2 dos carbonatos) a cerca de 580° C - 715° C (endotérmico) e pico de recristalização (exotérmico) a cerca de 790° C. Isto mostrou um claro passo de transformação da fase cristalina para a fase amorfa e recristalização com a evidência de uma estrutura de mulita a uma temperatura mais elevada. Isto pode ser visto na Figura 21.

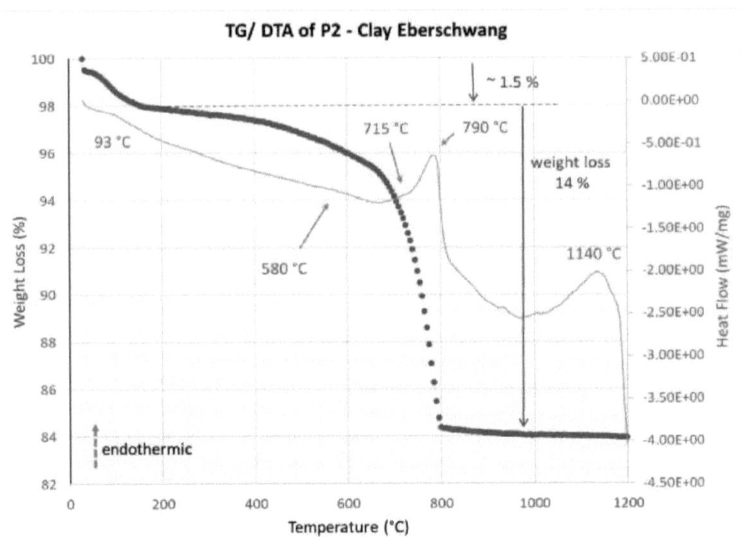

Figura 21: Curvas gráficas TG/DTA de P2 (Ebe) mostrando a perda de peso em diferentes gamas de temperaturas.

3.4 Teor de fases e estabilidade das argilas

A transformação destas amostras da fase cristalina para a fase amorfa e a recristalização numa estrutura cristalina durante o processo de tratamento térmico, mostrou que os conteúdos destas fases são evidentes em diferentes intervalos de temperatura e tempo. Este é um parâmetro muito importante, uma vez que foi utilizado para determinar a que temperatura e tempo os materiais amorfos são muito reactivos e em grande quantidade, conduzindo à temperatura e tempo de ativação ideais. Isto também mostrou que, no estado metaestável, estes meta-materiais (materiais amorfos) são muito evidentes na temperatura de transformação e nos intervalos de tempo de amorfização (fase amorfa), que é quando estes materiais são muito reactivos e em quantidades elevadas. Isto pode ser visto claramente na Tabela 4:

Samples	Cc	Ab	Cb	Qz	Oc	Pc	Mc	Il	Mv	Ml	Cd	Dl	At	Rt
P2_600_6h	23.4	9.4	0.6	33.0	2.2	0.9	3.3	19.2				1.4	0.2	0.6
P2_900_6h	8.3	11.4	1.0	36.2	5.5	1.7	11.2	11.3	2.4	1.0		1.7		0.6
P2_1100_6h		9.6	1.1	31.4	2.3	1.5	8.1	2.1	3.5	4.3	0.3	2.1		0.7
P3_600_6h		11.9	0.6	49.5	2.6	0.5	5.6	16.1	0.4		0.9	0.3	0.5	1.0
P3_900_6h	0.2	11.9	0.5	55.7	1.3	0.7	8.3	3.2	0.4	4.0	0.3	1.1	0.4	1.9
P3_1100_6h	0.3	5.7	0.9	63.8	1.0	1.3	2.8	1.0	0.4	7.3		1.2		1.9
P9_600_6h	3.2	39.8	7.0	0.8	4.1		3.1		10.6			4.7		
P9_900_6h			0.4	21.3	3.5	4.0	31.5		12.5	11.7	0.2	0.7	4.5	1.4
P9_1100_6h	0.1		1.6	7.9	0.4	0.5	1.7			48.2	2.3	1.7	2.8	0.3
P11_600_6h	0.2	0.4		15.7	1.0	72.2	5.0	3.6				0.3	0.4	0.3
P11_900_6h			1.6	40.6	2.2	1.1	3.8	3.2	29.0	5.0	0.3	0.5	0.8	1.5
P11_1100_6h		0.2	2.2	37.6		0.4	2.0		0.5	47.4		0.3	0.1	1.5
Mont_600_6h		13.2	23.9	1.9		0.5	0.7		20.2				2.9	
Mont_900_6h	1.9		21.8	6.6	0.8	0.7	1.8	2.5	16.9		2.9	1.2	0.2	0.6
Mont_1100_6h	2.6	14.7	29.9	1.2	0.5	0.5	10.7	8.5	0.3	6.8	0.2	0.5		1.1
P2_600_12h	22.1	14.4	0.1	31.2	2.3	2.0	4.4	14.4				0.3	0.2	0.9
P2_900_12h	8.9	11.0	0.5	36.2	6.8	1.9	11.4	5.0		2.8	0.4	0.8	0.6	1.3
P2_1100_12h		8.8	1.3	25.5	3.0		6.0	10.2	2.2	3.6		2.4		0.4
P3_600_12h		9.5	0.3	50.7	0.8	0.6	4.6	5.7	17.1		0.4		0.5	1.5
P3_900_12h	0.1	12.5	0.3	56.6	1.2	0.7	8.6	2.2	0.8	4.1	0.8	0.2	0.5	2.3
P3_1100_12h		8.83	1.32	25.5	3.0		6.0	10.2	2.2	3.6		2.4		0.3
P9_600_12h	1.2	1.9	2.2	20.7	5.2	4.4	28.6		17.3		2.0			1.2
P9_900_12h			0.4	21.2	7.2	4.2	24.6		7.6	15.4	0.6	0.2	3.5	0.7
P9_1100_12h			1.5	5.9	0.2		0.3			53.4	1.3		1.5	0.1
P11_600_12h		2.2	0.9	47.3	3.4	1.0	10.7	19.4			1.5	0.1	1.2	1.3
P11_900_12h	0.2	0.3	0.6	57.8	2.3	1.1	7.7	5.1	1.9	8.0	0.6		1.5	1.9
P11_1100_12h	0.1	0.3	4.9	31.2	0.5	0.4	2.2	0.3	0.4	37.1		0.2		1.1
Mont_600_12h	0.3	23.2	15.6	0.7	0.4	0.8			19.5				0.6	2.6
Mont_900_12h		0.3	19.8	2.8	4.1	1.8	3.1	11.2	4.6	1.3	1.0	1.3	0.1	0.2
Mont_1100_12h	3.2	3.9	34.2	3.0	0.8	1.7	8.4	1.3	0.2	3.9		1.9		0.1

Tabela 4: Fases presentes no aquecimento ex-situ das amostras em percentagem em peso.

A partir da Tabela 4, as fases amorfas são muito evidentes e em grande quantidade em intervalos de temperatura entre 600° C - 850° C e um tempo de 6 h é muito suficiente. A temperaturas e tempos superiores a este intervalo, os materiais amorfos diminuem em quantidade, sendo evidente a estrutura de mullite.

3.4.1 Experiências de Aquecimento Ex-Situ

As composições químicas obtidas por fluorescência de raios X foram comparadas com a informação mineralógica obtida por difração de raios X (XRD). É um facto estabelecido que a composição mineralógica tem uma influência muito importante na atividade pozolânica dos materiais. Consequentemente, as análises qualitativas e quantitativas da mineralogia das amostras de argila crua foram estudadas por XRD para examinar a influência dos materiais argilosos e não argilosos na reatividade das amostras. A investigação demonstrou que a atividade pozolânica está relacionada com o tipo de argila e de mineral de argila. O espaçamento d dos átomos numa rede cristalina é específico do átomo e está relacionado com o hkl e pode ser estudado por XRD. Além disso, a transformação que ocorre durante as etapas de calcinação foi examinada de perto com a transição das fases cristalina, semi-cristalina e amorfa após o tratamento térmico.

O tratamento térmico efectuado nas amostras em função da temperatura e do tempo mostrou efeitos significativos nas amostras, levando a uma concordância concisa com as suas estabilidades térmicas. A decomposição dos minerais de argila, como a caulinite, em função da temperatura é mostrada na Figura 22:

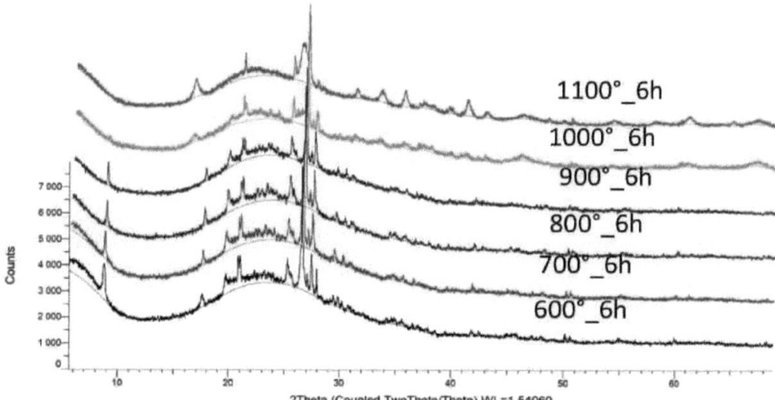

Figura 22: Decomposição ex-situ da caulinite (P9) em função da temperatura.

A figura mostrou o alargamento do pico de 600° C - 800° C, que diminuiu de 900° C - 1100° C. Eles provaram uma clara transformação da fase cristalina para a fase amorfa e recristalização adicional a temperaturas mais altas com a estrutura de mulita evidente, pois picos nítidos foram claramente mostrados a 1100° C.

A decomposição da caulinite em função do tempo seguiu a mesma tendência, como mostra a Figura 23:

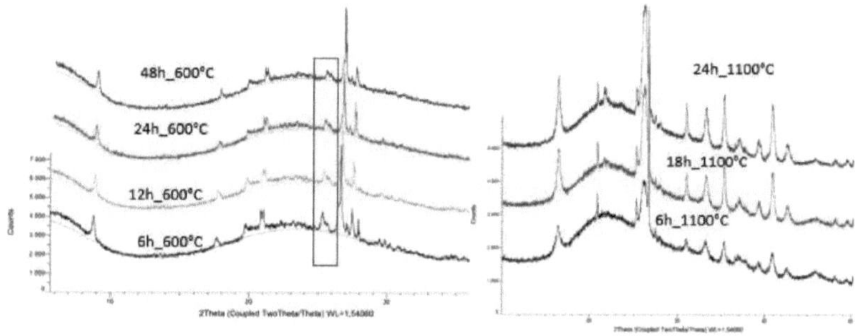

Figura 23: Decomposição ex-situ da caulinite (P9) em função do tempo.

A figura acima mostra um claro alargamento do pico a 6 h (600° C), que diminuiu de 12 h a 48 h e o aumento do tempo resultou num decaimento mais lento dos feldspatos. Além disso, os picos acentuados eram muito evidentes a 1100° C (de 6 h a 24 h), o que provou que um tempo de 6 h é muito suficiente a 600° C para que os materiais amorfos sejam muito activos e que um aumento adicional da temperatura e do tempo mostrou uma diminuição significativa dos materiais amorfos.

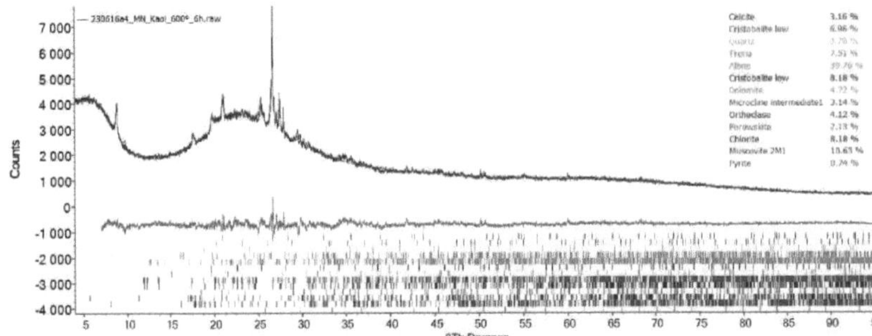

Figura 24: Refinamento TOPAS Rietveld da caulinite (P9) a 600° C; 6 h mostrando as fases presentes em percentagem de peso.

As outras amostras de argila também mostraram tendências semelhantes no padrão de decomposição, o que provou que houve uma transformação significativa em materiais amorfos nas faixas de temperatura de 600° - 850° C e 6 h é muito suficiente para que essa transformação ocorra. A decomposição de P2 em função da temperatura, como se mostra na Figura 25, mostrou um alargamento do pico a partir da gama de temperaturas entre 600° C e 850° C, que diminuiu a partir da temperatura de 900° C. Isto foi uma indicação da transformação para a fase amorfa nestas gamas de temperatura, cujo teor se reduziu a temperaturas mais elevadas, tal como o perfil dos minerais argilosos. Também é evidente o desaparecimento da calcite e da dolomite em P2 com a formação de MgO e CaO como novas fases cristalinas.

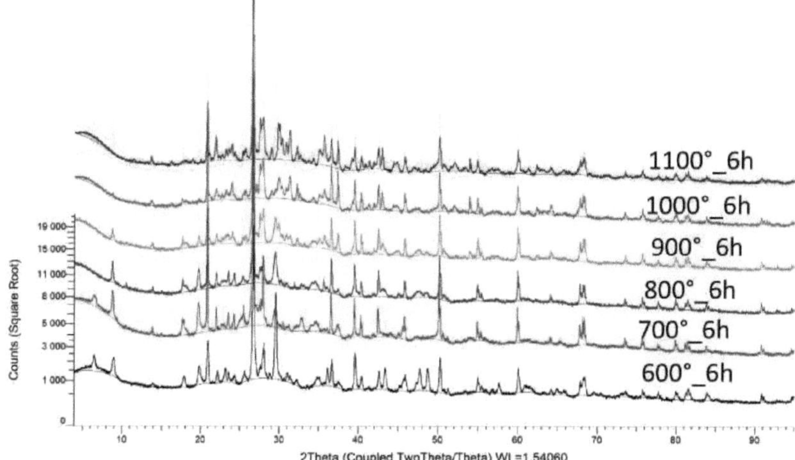

Figura 25: Decomposição ex-situ de P2 (Ebe) em função da temperatura.

A tendência de decaimento de P2 em função do tempo também mostrou o mesmo perfil com os minerais de argila, onde um pico de alargamento foi muito evidente em 6 h (600 ° C) e um decréscimo de 12 h - 48h, o que provou que um tempo de 6 h foi suficiente para que os materiais amorfos fossem alcançados, como mostrado na Figura 26:

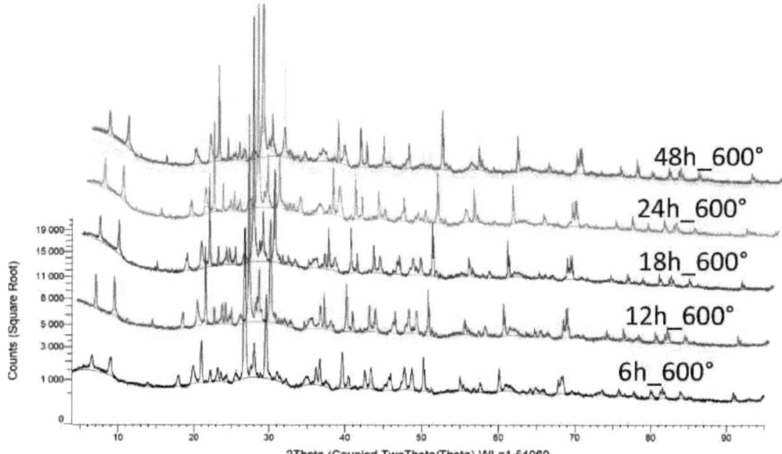

Figura 26: Decomposição ex-situ de P2 (Ebe) em função do tempo.

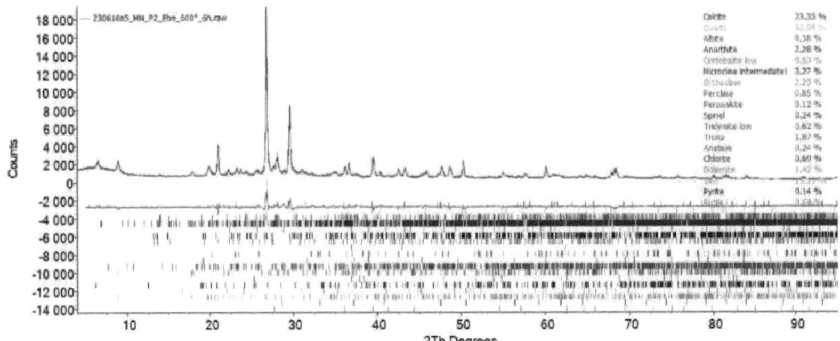

Figura 27: Refinamento TOPAS Rietveld de P2 (Ebe) a 600° C; 6 h mostrando as fases presentes em percentagem de peso.

3.4.2 Experiências in-situ

O processo de aquecimento in-situ mostrou uma transformação muito notável das amostras em temperaturas de transição específicas que se correlacionam com as alterações observadas no processo de caraterização ex-situ. Para os minerais argilosos, como a caulinite, podem ser observadas alterações significativas na Figura 28:

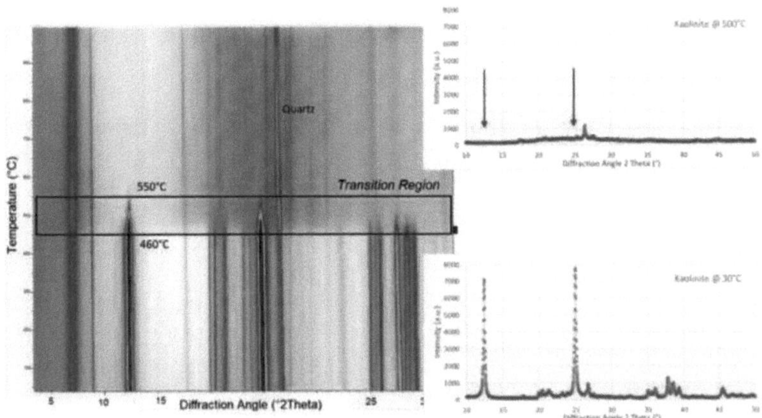

Figura 28: Decomposição in situ da caulinite (P9) a diferentes gamas de temperaturas mostrando alterações no padrão de picos desde a temperatura ambiente até 500° C.

A partir da Figura 28, a caulinite apresentou picos acentuados à temperatura ambiente

(30° C) e os picos tornaram-se muito largos a temperaturas mais elevadas (500° C). Verificou-se também uma transformação de decaimento lento com uma região de transição de decaimento de cerca de 460° C - 550° C, que foi investigada em pormenor para compreender a cinética do mecanismo de decaimento. Isto mostrou evidências de transformação noutra fase, uma vez que os picos foram claramente vistos a desaparecer e a aparecer em diferentes regiões de temperatura.

Esta mesma tendência de decaimento foi evidente no gráfico em cascata da Figura 29, uma vez que se registou uma mudança significativa de picos acentuados para picos mais largos com um aumento da temperatura a partir da temperatura ambiente. Este facto confirmou a evidência da mudança estrutural da fase cristalina para a fase amorfa com o aumento da temperatura. Havia também indicações de uma transição de decaimento lento, como mostram as linhas verdes no gráfico em cascata, que foram estudadas em pormenor para compreender a cinética associada ao mecanismo de decomposição.

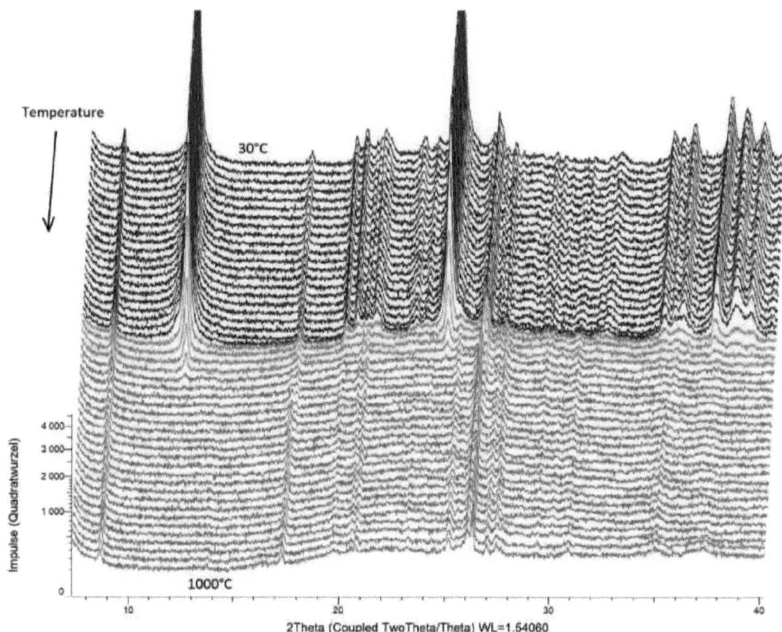

Figura 29: Gráfico em cascata da decomposição da caulinite in-situ desde a temperatura ambiente até à temperatura mais elevada; as linhas verdes mostram a região de transição de decaimento lento.

As amostras de argila, como a P2 (Ebe), apresentaram uma tendência de decaimento semelhante, como mostra a Figura 30. Os picos de decaimento foram evidentes a cerca de 560° C, 640° C e 700° C e o aparecimento de outros picos a temperaturas mais elevadas. Esta é uma prova clara do mecanismo de transformação da fase cristalina em fase amorfa e da recristalização a temperaturas mais elevadas, o que também está em correlação com o comportamento térmico observado nas amostras de minerais argilosos. A cerca de 560° C, o clorito de silicato de folha decompõe-se, o que é um pouco mais elevado do que o observado para a caulinite. É evidente a partir da análise de fases que a amostra P2 (Ebe) tem um teor mais elevado de carbonatos como a calcite e a dolomite. A perda de peso na análise TG por volta dos 650 - 750° C pode estar relacionada com a decomposição dos carbonatos em CaO e MgO e com o derrame de CO_2.

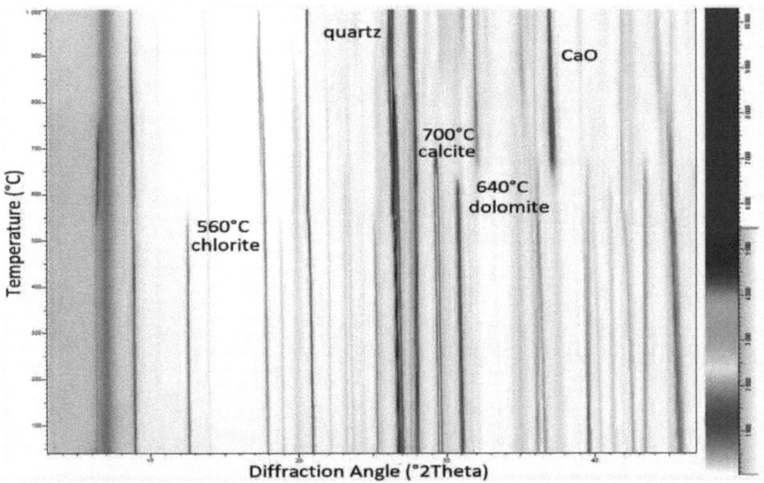

Figura 30: Decomposição in situ de P2 (Ebe) mostrando picos de decaimento em diferentes gamas de temperaturas.

3.4.1 Cinética da decomposição da caulinite

O processo de transformação de uma fase para outra envolve termodinâmica e cinética químicas, que devem ser estudadas em pormenor. A formação de uma nova fase a partir de uma fase-mãe envolve nucleação e crescimento. Existe uma energia livre de Gibb (energia mínima) necessária para que esta reação ou transformação ocorra, que deve ser negativa e está relacionada com a entalpia (calor de reação) e a entropia (desordem dos reagentes). À medida que a temperatura aumenta ou se altera, os átomos ou as moléculas estão em constante movimento, colidindo uns com os outros e há difusão das espécies reagentes. Os nuclídeos são formados até se atingir um tamanho crítico a uma temperatura de transição e, em seguida, dá-se o crescimento de uma nova fase a partir de uma fase-mãe. Todo este processo tem uma barreira energética que tem de ser ultrapassada para que esta transformação ocorra, a qual é conhecida como energia de ativação (E_a). Esta será uma visão para a compreensão destas taxas de reação e da energia envolvida para que a reação prossiga. A energia de ativação para a decomposição de minerais está compreendida entre 200 e 400 KJ mol^{-1} [24].

Além disso, para examinar claramente as vias de reação lentas em regiões de temperatura específicas observadas durante a transformação das amostras em nova fase, foram estudados os decaimentos isotérmicos de argilas e argilominerais, exemplarmente para a caulinite de 460° C - 500°C. Os dados experimentais obtidos foram ajustados utilizando um modelo específico em relação à tendência da reação e os resultados foram utilizados para calcular as constantes de velocidade em cada isotérmica. Os resultados foram utilizados para calcular a energia de ativação empírica para a decomposição do mineral, que foi comparada com a gama registada na literatura.

A cinética de decaimento foi estudada por decaimento isotérmico utilizando o modelo de Avrami, que é normalmente utilizado para descrever transformações de fase como a cristalização ou reacções no estado sólido. Este modelo assume algumas condições como a nucleação constante e o crescimento esférico dos cristais. É um conceito matemático que relaciona a fração de cristal e a constante de velocidade com a evolução do tempo e pode ser dado como

$$\alpha(t) = A_0 * \left[1 - e^{(-k*t)^n}\right]$$

Onde α = fração de cristal transformada, k = constante de velocidade, t = tempo e n = expoente de Avrami que tem a ver com a dimensão da fração formada.

Os resultados dos dados experimentais são apresentados na Figura 31:

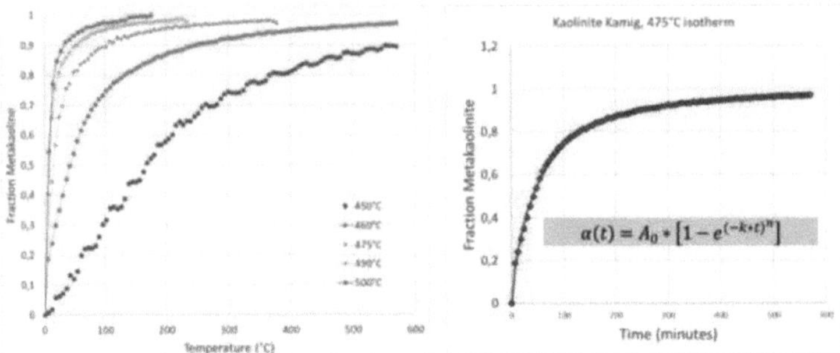

Figura 31: Perfil de decaimento isotérmico da caulinite (P9) em função da temperatura e do tempo.

A equação de Arrhenius relaciona a velocidade da reação química com a temperatura e descreve como a velocidade de uma reação química varia com a temperatura. Esta equação é dada como

$$k = A.\exp\left(-\frac{Ea}{RT}\right); where\ k = rate\ constant, A = pre - exponential\ factor, Ea = activation\ energy(energy\ barrier\ needed\ to\ overcome\ for\ a\ reaction\ to\ occur), R = gas\ constant\ and\ T = temperature\ in\ kelvin.$$

O gráfico de Arrhenius, com o inverso da temperatura 1/k como eixo x e o logaritmo natural da constante de velocidade K como eixo y, foi utilizado para calcular a energia de ativação empírica necessária para a transformação de decaimento, como se mostra na Figura 32. Neste diagrama, o declive de um ajuste linear às constantes de velocidade a diferentes temperaturas da isotérmica corresponde à energia de ativação.

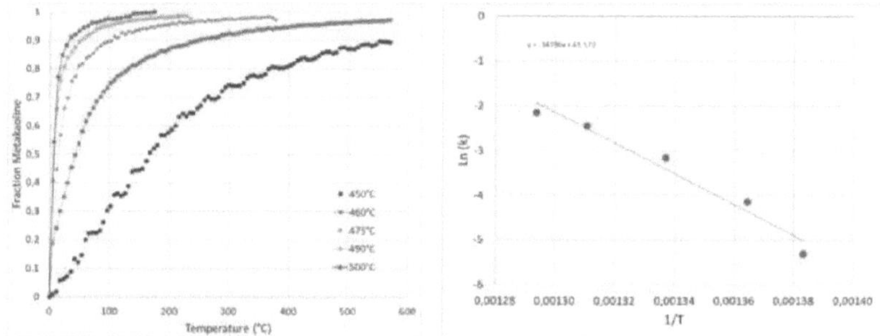

Arrhenius equation : K = A exp- Ea/RT ; R = Gas constant, T= Temperature

K = - 34342 J mol^{-1}

R = 8.134 J mol^{-1} K^{-1}

Ea = 285.519 (KJ mol^{-1})

Figura 32: Perfil de decaimento isotérmico da caulinite (P9) em relação à energia de ativação.

Isto mostrou um rápido decaimento com um aumento na temperatura e um aumento na fração de metacaulino obtida com a evolução do tempo. A energia de ativação empírica obtida a partir dos dados experimentais foi muito razoável, uma vez que está dentro do intervalo para a decomposição mineral (de 200 - 400 KJ mol^{-1}) escrito na literatura [24].

3.5 Ensaio de atividade pozolânica

Os valores obtidos no ensaio de atividade pozolânica via Frattini para 8 e 15 dias estão representados na Tabela 5.

Tabela 5: Valores obtidos no ensaio de atividade pozolânica das amostras

Samples	F_1(EDTA)	F_2(HCl)	Calcon(g)	H_2O (ml)	V_3-EDTA (ml)	V_4-HCl(ml)	pH	[OH](mmol/l)	[CaO] (mmol/l)
CEM1+P1_600_9h_8d	0.946	0.980	0.1025	50	32.03	17.9	3.2	62.78	10.16
CEM1+P2_600_9h_8d	0.946	0.980	0.1025	50	31.8	18.7	3.3	62.33	10.61
CEM1+P2_1100_9h_8d	0.946	0.980	0.1025	50	31.57	16.83	3.3	58.4	9.55
CEM1+P3_600_9h_8d	0.946	0.980	0.1025	50	37.93	22.8	3.2	74.34	12.94
CEM1+P4_600_9h_8d	0.946	0.980	0.1025	50	30.83	16.23	3.3	57.04	9.21
CEM1+P9_600_9h_8d	0.946	0.980	0.1025	50	29.7	14.23	3.2	58.21	8.08
CEM1+P9_900_9h_8d	0.946	0.980	0.1025	50	31.97	12.17	3.3	62.66	7.21
CEM1+P9_1100_9h_8d	0.946	0.980	0.1025	50	31.53	16.03	3.3	61.79	9.09
CEM1+P11_600_9h_8d	0.946	0.980	0.1025	50	30.6	14.24	3.2	59.98	8.08
CEM1+Trass_600_9h_8d	0.946	0.980	0.1025	50	35.7	12.2	3.3	69.97	6.92
CEM1+P1_600_9h_15d	0.946	0.980	0.1025	50	30.5	16.2	3.2	56.43	9.19
CEM1+P2_600_9h_15d	0.946	0.980	0.1025	50	32.65	18.25	3.3	60.4	10.36
CEM1+P2_1100_9h_15d	0.946	0.980	0.1025	50	31.45	14.15	3.2	58.18	8.03
CEM1+P3_600_9h_15d	0.946	0.980	0.1025	50	29.9	17.25	3.3	55.32	9.79
CEM1+P4_600_9h_15d	0.946	0.980	0.1025	50	31.4	15.8	3.2	58.09	8.97
CEM1+P9_600_9h_15d	0.946	0.980	0.1025	50	24.9	7.25	3.3	46.07	4.12
CEM1+P9_900_9h_15d	0.946	0.980	0.1025	50	25	9.7	3.3	46.25	5.51
CEM1+P9_1100_9h_15d	0.946	0.980	0.1025	50	30.55	11.5	3.2	56.52	6.53
CEM1+P11_600_9h_15d	0.946	0.980	0.1025	50	31.05	12.33	3.2	57.44	6.98
CEM1+Trass_600_9h_15d	0.946	0.980	0.1025	50	38.5	9.85	3.3	71.23	5.59

Os resultados obtidos no teste de Frattini mostraram que nenhuma das amostras passou o teste aos 8 d, uma vez que os pontos de dados estavam acima da curva de concentração de saturação de óxido de cálcio. Outros resultados do teste aos 15 d mostraram que algumas das amostras passaram no teste, uma vez que alguns dos pontos de dados estavam abaixo da curva de saturação de óxido de cálcio. Isto pode ser explicado pelo facto de a taxa a que a portlandite formada está a ser consumida pelos pozolanos, o que é atribuído ao teor de sílica do material. Quanto maior o teor de sílica do material, mais rápida é a atividade pozolânica e vice-versa. A caulinite a todas as temperaturas mostrou uma atividade pozolânica elevada do que as outras amostras, enquanto a P2 (Ebe) mostrou o pior resultado.

Os resultados das medições XRD dos resíduos também se correlacionam com os resultados, uma vez que não foi encontrada portlandite na caulinite aos 8 d e 15 d. Isto satisfez o facto de que toda a portlandite foi consumida e confirmou a elevada atividade pozolânica do metacaulino como o material de interesse.

Tabela 6: Fases presentes nos resíduos sólidos do ensaio de atividade pozolânica em percentagem de peso.

Samples	Pl	Ett	C_2S	C_3S	C_3A	Hg	Hcal	McA	HcA
CEMI+P1_600_9h_8d	25.72	12.93	5.80	3.73	8.26	2.19	0.22	5.95	0.70
CEMI+P2_600_9h_8d	15.15	17.44	11.35	2.14	3.95	2.72	3.20	8.05	0.54
CEMI+P2_1100_9h_8d	13.53	23.21	11.15	3.56	8.12	2.38	4.27	8.28	0.46
CEMI+P3_600_9h_8d	17.66	17.17	5.38	3.49	3.22	1.96	3.04	10.57	0.84
CEMI+P4_600_9h_8d	14.76	13.70	5.60	2.19	3.76	3.36	3.54	9.00	0.59
CEMI+P9_600_9h_8d		13.83	28.36		4.87	8.88	1.00	12.14	1.65
CEMI+P9_900_9h_8d	7.89	16.67	6.92	7.48	5.73	5.13	9.50	17.41	1.02
CEMI+P9_1100_9h_8d	20.45	22.79	12.61	6.62	7.20	3.60	3.41	7.04	0.84
CEMI+P11_600_9h_8d	6.93	18.16	6.11	8.12	2.11	5.49	6.54	9.54	1.44
CEMI+Trass_600_9h_8d	15.53	21.60	9.81	3.81	7.55	3.53	4.66	11.39	0.36
CEMI+P1_600_9h_15d	20.64	12.61		3.70	6.84	3.34	3.24	7.72	0.64
CEMI+P2_600_9h_15d	15.29	18.19	3.14	3.31	4.18	3.03	2.24	10.74	0.06
CEMI+P2_1100_9h_15d	14.07	14.67	6.99	2.97	4.25	5.46	1.69	4.71	0.39
CEMI+P3_600_9h_15d	13.01	18.61	7.47	2.93	2.73	4.94	3.48	12.04	0.60
CEMI+P4_600_9h_15d	14.19	19.05	6.36	2.11	2.99	5.55	3.59	11.85	0.48
CEMI+P9_600_9h_15d		6.97	2.85	10.21	3.94	9.02	1.33	6.82	2.26
CEMI+P9_900_9h_15d	10.77	15.63	5.28	4.53	9.42		10.08	19.77	1.03
CEMI+P9_1100_9h_15d	12.71	19.33	7.39	2.38	2.57		2.63	7.10	0.39
CEMI+P11_600_9h_15d	8.82	14.54	7.29	4.84	5.45	5.38	6.93	16.28	0.95
CEMI+Trass_600_6h_15d	14.08	24.35	6.97	1.64	2.90	5.36	4.28	12.63	0.57

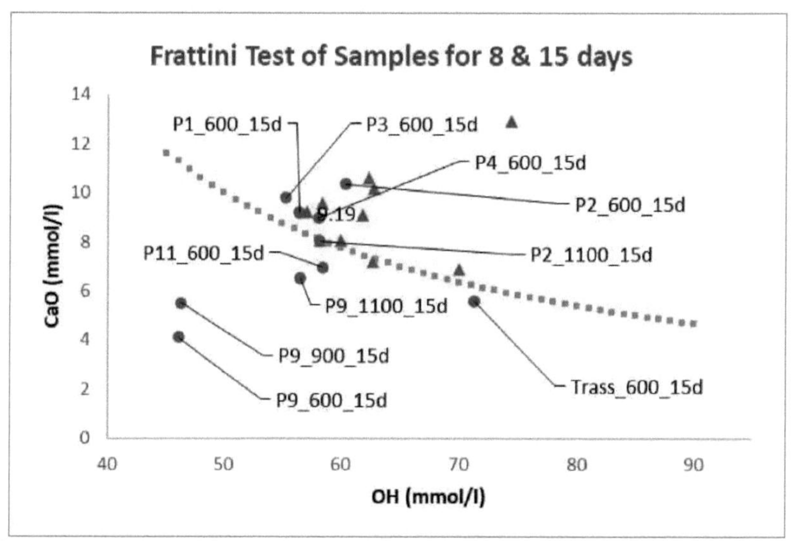

Figura 33: Ensaio de atividade pozolânica das amostras; mostrando pontos de dados vermelhos para 8 dias e pontos de dados azuis para 15 dias.

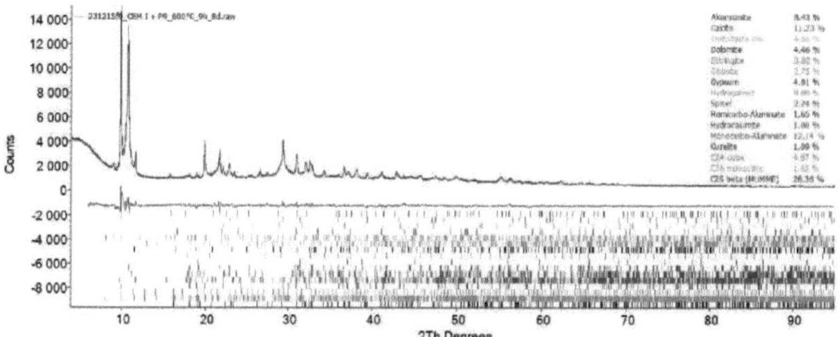

Figura 34: Resíduo sólido de CEM1+P9_600°_9h_8d; mostrando as fases presentes em percentagem de peso.

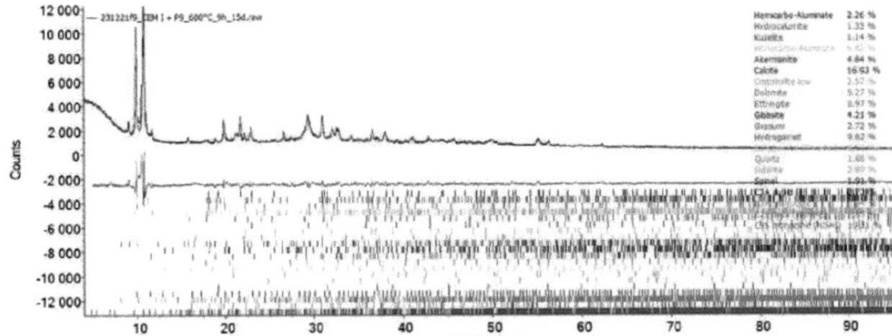

Figura 35: Resíduo sólido de CEMI+P9_600°_9h_15d; mostrando as fases presentes em percentagem de peso.

4. Conclusão

As metodologias e técnicas utilizadas neste estudo permitiram obter resultados repetíveis e reprodutíveis, uma vez que os resultados obtidos forneceram informações compreensíveis sobre a estabilidade e a atividade pozolânica destas argilas e minerais argilosos em relação à alteração da temperatura e do tempo. As conclusões e sugestões retiradas deste estudo são as seguintes:

- Existem correlações verificáveis com as técnicas empregues neste estudo, embora não lineares, mas evidências claras de alterações estruturais com a evolução da temperatura e do tempo.
- A temperatura óptima de ativação situava-se entre 600° C - 850° C e um tempo de 6 h era muito suficiente, uma vez que estes materiais amorfos eram mais evidentes nestas gamas de temperatura e intervalos de tempo.
- A caulinite (P9) no estado metaestável (metacaulino) foi o melhor material de interesse para ser utilizado como potencial material cimentício suplementar, uma vez que mostrou uma maior atividade pozolânica do que outras amostras investigadas.
- A P2 (Ebe) apresentou a atividade pozolânica mais baixa após 15 dias, em comparação com as outras amostras estudadas. Este facto pode estar relacionado com o baixo teor de minerais argilosos e o elevado teor de carbonatos. Os resultados também mostram que o conteúdo mineral é de grande importância.
- P2 e P4 estão próximos da composição química típica das areias de alto-forno. Estas são conhecidas por apresentarem uma boa atividade pozolânica, enquanto que P2 e P4 têm um mau desempenho. Uma grande diferença é a quantidade de fases cristalinas em P2/P4 e nas areias de alto-forno. Estas últimas contêm 80 % de conteúdo amorfo, enquanto P2 e P4 mostram boa cristalinidade a 600° C de tratamento térmico. Assim, a disponibilidade de catiões é baixa nas argilas tratadas termicamente de P2 e P4. Este facto é apoiado pelo bom desempenho da caulinite, que, tal como a meta-caulinite, se caracteriza por um elevado teor de material amorfo. Para além da boa disponibilidade do conteúdo vítreo, um

elevado teor de sílica parece aumentar a atividade pozolânica, enquanto os elevados teores de cálcio parecem ser de menor importância.

- São necessários mais estudos para clarificar estes resultados para aplicações óptimas.

5. Referências

[1] Habert G, Billard C, Rossi P, Chen C, Roussel N. Melhoria da tecnologia de produção de cimento em comparação com os objectivos do fator 4. Cem Concr Res. 2010;40:820-6.

[2] Badogiannis E, Kakali G, Tsivilis S. Metacaulino como material cimentício suplementar. Otimização da conversão de caulino em metacaulino. J Therm Anal Calorim. 2005;81:457-62.

[3] Cherem da Cunha AL, Gonçalves JP, Büchler PM, Dweck J. Efeito da atividade pozolânica do metacaulino nas fases iniciais de hidratação de pastas e argamassas de cimento tipo II. J Therm Anal Calorim. 2008;92:115-9.

[4] Siddique R, Klaus J. Influência do metacaulino nas propriedades da argamassa e do betão: uma revisão. Appl Clay Sci. 2009;43:392-400.

[5] Tironi A, Trezza MA, Scian AN, Irassar EF. Argilas cauliníticas calcinadas: fatores que afetam seu desempenho como pozolanas. Constr Build Mater. 2012;28:276-81.

[6] Lagier F, Kurtis KE. Influência da composição do cimento Portland nas reacções de envelhecimento precoce com metacaulino. Cem Concr Res. 2007;37:141

[7] Shvarzman A, Kovler K, Grader GS, Shter GE. O efeito do grau de desidroxilação/amorfização na atividade pozolânica da caulinite. Cem Concr Res. 2003;33:4

[8] Bich Ch, Ambroise J, Péra J. Influência do grau de desidroxilação na atividade pozolânica do metacaulino. Appl Clay Sci. 2009;44:194

[9] He H, Yuan P, Guo J, Zhu J, Hu C. A influência da densidade de defeitos aleatórios na estabilidade térmica das caulinites. J Am Ceram Soc. 2005;88:

[10] Kogel JE, Trivedi NC, Barker JM, Stanley TK. Industrial minerals & rocks. 7TH ed. Englewood: Society for Mining, Metallurgy, and Exploration; 2006

[11] Tironi A, Trezza MA, Irassar EF, Scian AN. Tratamento térmico do caulim:

efeito sobre a atividade pozolânica. Proc Mater Sci. 2012;2012(1):345-50.

[12] Snellings, R. (2016) Difração de pó de raios X aplicada ao cimento. Em: Scrivener, K., Snelling, R. e Lothenbach, B. (editores) A Practical Guide to Microstructural Analysis of Cementitious Materials, CRD Press, Londres, 107-176.

[13] Snellings, R., Mertens, G., e Elsen, J. (2012) Supplementary Cementitious Materials. Revisões em Mineralogia e Geoquímica, 74, 211-278.

[14] Juenger, M.C.G., e Siddique, R. (2015) Recent advances in understanding the role of supplementary cementitious materials in concrete. Cement and Concrete Research, 78, 71-80.

[15] Barcelo, L., Kline, J., Walenta, G., e Gartner, E. (2013) Cement and carbon emissions. Materials and Structures, 47, 1055-1065.

[16] Antoni, M. (2013) Investigação da substituição de cimento por misturas de argilas calcinadas e calcário. Tese de doutoramento, École Polytechnique de Lausanne, 224p.

[17] Antoni, M., Rossen, J., Martirena, F., e Scrivener, K. (2012a) Substituição do cimento por uma combinação de metacaulino e calcário. Cement and Concrete Research, 42, 15791589.

[18] Antoni, M., Rossen, J., Martirena, F., e Scrivener, K. (2012b) Substituição de cimento por uma combinação de metacaulino e calcário. Cement and Concrete Research, 42, 15791589.

[19] Zhang, D.; Zhao, J.; Wang, D.; Wang, Y.; Ma, X. Influência dos materiais pozolânicos nas propriedades das argamassas à base de cal hidráulica natural. Constr. Build. Mater. 2020, 244, 118360.

[20] Yanguatin, H.; Ramírez, J.H.; Tironi, A.; Tobón, J.I. Efeito do tratamento térmico na atividade pozolânica de argilas de resíduos escavados. Constr. Build. Mater. 2019, 211, 814-823

[21] Zhou, Y.; Gong, G.; Xi, B.; Guo, M.; Xing, F.; Chen, C. Compósitos cimentícios leves e sustentáveis utilizando cimento de argila calcinado com calcário (LC3). Compos. Part B Eng. 2022, 243, 110183.

[22] Zheng, D.; Liang, X.; Cui, H.; Tang, W.; Liu, W.; Zhou, D. Estudo do desempenho e das microestruturas da argamassa com argila de baixa qualidade calcinada. Constr. Build. Mater. 2022, 327,126963

[23] Tole, I.; Delogu, F.; Qoku, E.; Habermehl-Cwirzen, K.; Cwirzen, A. Melhoria da atividade pozolânica de argilas naturais por ativação mecanoquímica. Constr. Build.
Mater. 2022, 352, 128739

[24] Jesus, C.F.; Arruda Junior, E.S.; Braga, N.T.S.; Silva Junior, J.A.; Barata, M.S. Concreto colorido produzido com cimentos de baixo carbono: Propriedades mecânicas, estabilidade cromática e sustentabilidade. J. Build. Eng. 2023, 67, 106018.

[25] Sierra, O.M.; Payá, J.; Monzó, J.; Borrachero, M.V.; Soriano, L.; Quiñonez, J. Caracterização e Reatividade de Pozolanas Naturais da Guatemala. Appl. Sci. 2022, 12, 11145.

[26] NP EN 196-5; Métodos de Ensaio de Cimento - Parte 5: Ensaio de Pozolanicidade para Cimento Pozolânico. Instituto Britânico de Normalização: Londres, Reino Unido, 2011

[27] Msinjili, N.S.; Vogler, N.; Sturm, P.; Neubert, M.; Schroder, H.-J.; Kühne, H.-C.; Hünger, K.-J.; Gluth, G.J.G. Argilas de tijolo calcinadas e argilas mistas como materiais cimentícios suplementares: Efeitos no desempenho de argamassas de cimento misturado. Constr. Build. Mater. 2021, 266, 120990.

[28] Hoppe Filho, J.; Pires, C.A.O.; Leite, O.D.; Garcez, M.R.; Medeiros, M.H.F. Resíduos de cerâmica vermelha como material cimentício suplementar: Microestrutura e propriedades mecânicas. Constr. Build. Mater. 2021, 296, 123653

[29] Sposito, R.; Maier, M.; Beuntner, N.; Thienel, K. Propriedades físicas e

mineralógicas de argilas comuns calcinadas como SCM e o seu impacto na resistência ao fluxo e na necessidade de superplastificante. Cem. Concr. Res. 2022, 154, 106743.

[30] Aliu, A.O.; Olalusi, O.B.; Awoyera, P.O.; Kiliswa, M. Avaliação da reatividade pozolânica da cinza de palha de milho como suplemento de ligante em betão. Case Stud. Constr. Mater. 2023, 18, e01790.

[31] Hemalatha, T.; Ramaswamy, A. A review on fly ash characteristics-Towards promoting high volume utilization in developing sustainable concrete. J. Clean. Prod. 2017,147, 546-559.

[32] Singh, S.K.; Singh, A.; Singh, B.; Vashistha, P. Application of thermo-chemically activated lime sludge in production of sustainable low clinker cementitious binders. J. Clean. Prod. 2020, 264, 121570.

6. Apêndice

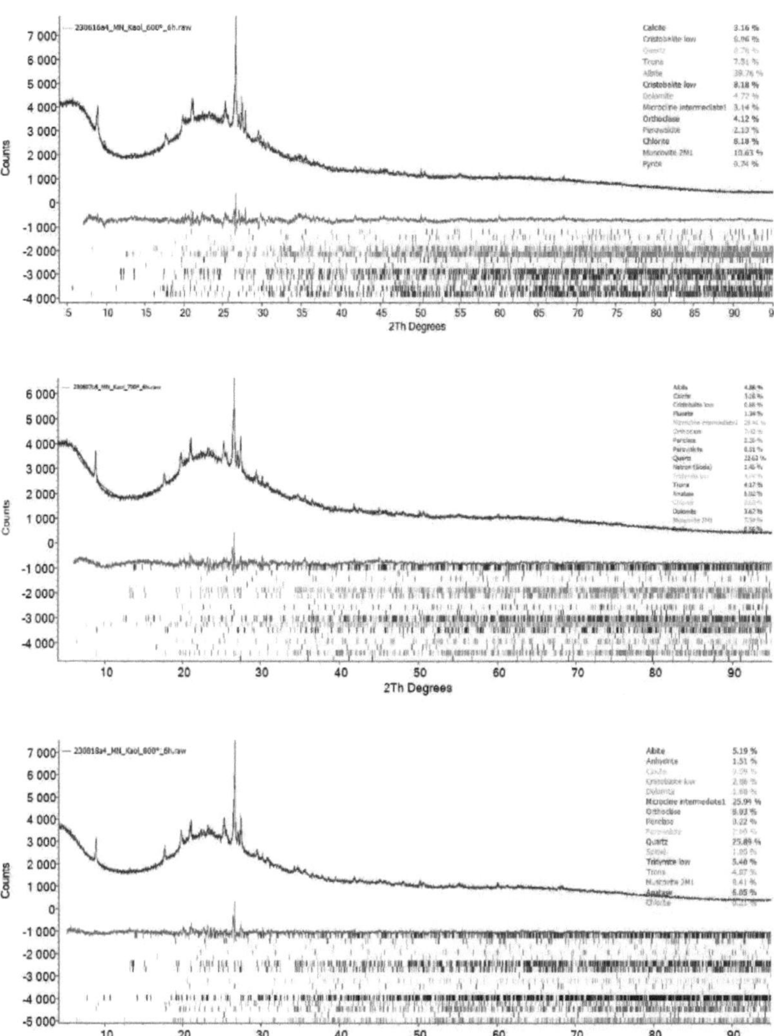
Counts
2Th Degrees
Calcite 3.16 %
Trona 7.31 %
Cristobalite low 8.18 %
Microcline intermediate1 3.14 %
Orthoclase 4.12 %
Chlorite 8.18 %
Muscovite 2M1 10.63 %
Albite 5.19 %
Anhydrite 1.51 %
Microcline intermediate1 25.94 %
Quartz 25.89 %
Tridymite low 5.40 %
Anatase 6.05 %

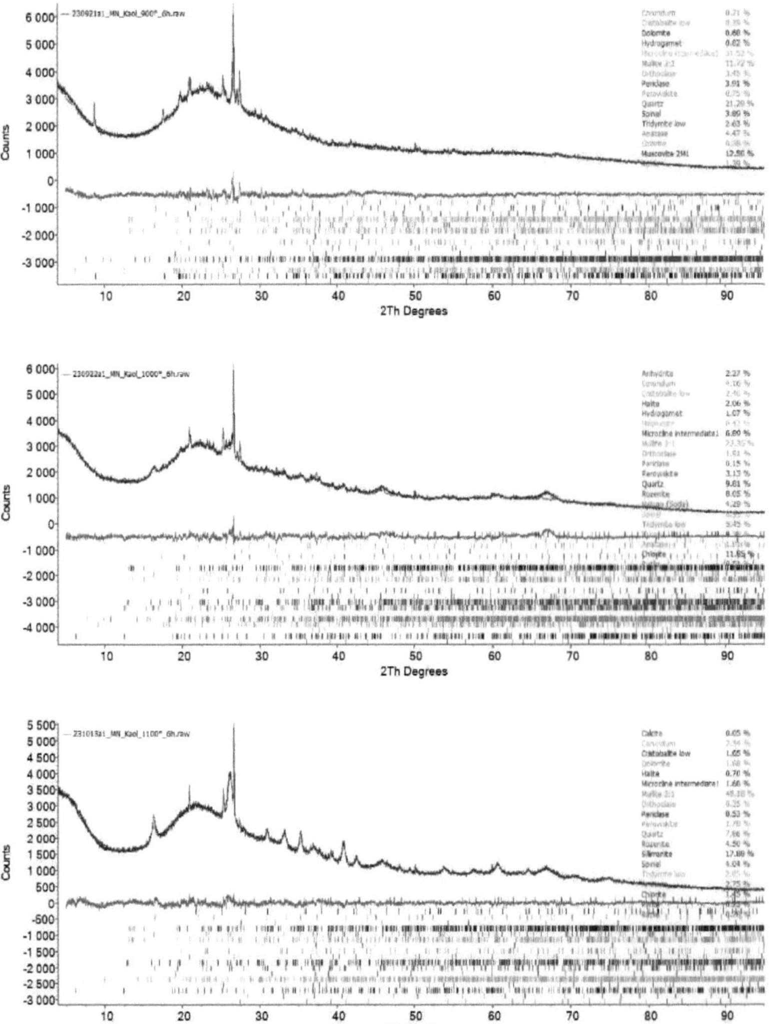

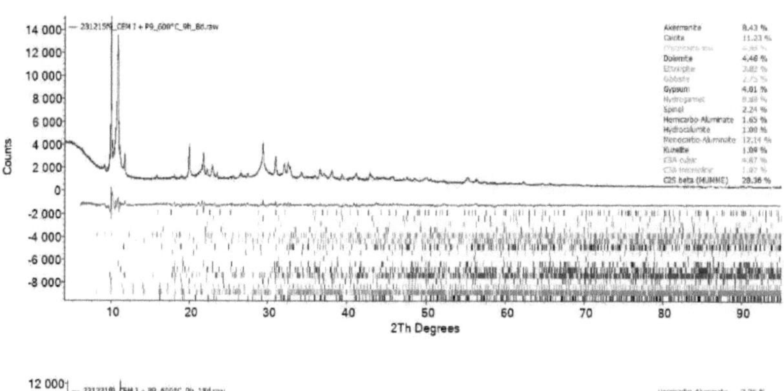
14 000
12 000
10 000
8 000
6 000
4 000
2 000
0
-2 000
-4 000
-6 000
-8 000
Counts
10
20
30
40
50
60
70
80
90
2Th Degrees
Dolomite 4,46 %
Gypsum 4.01 %
Spinel 2.24 %
Hemicarbo-Aluminate 1.65 %
Kuzelite 1.09 %
C2S beta (MUMME) 28.36 %

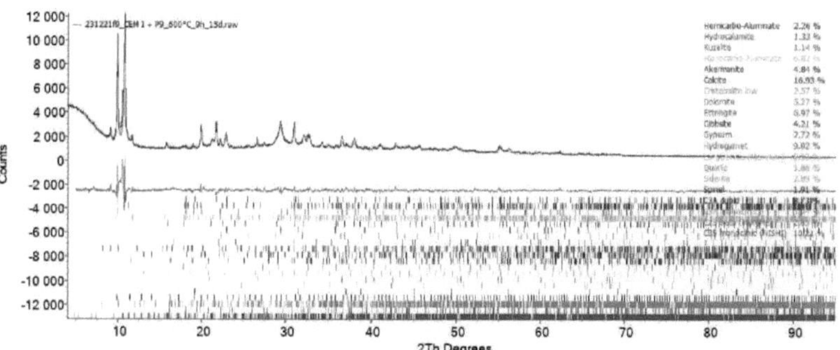
12 000
10 000
8 000
6 000
4 000
2 000
0
-2 000
-4 000
-6 000
-8 000
-10 000
-12 000
Counts
10
20
30
40
50
60
70
80
90
2Th Degrees

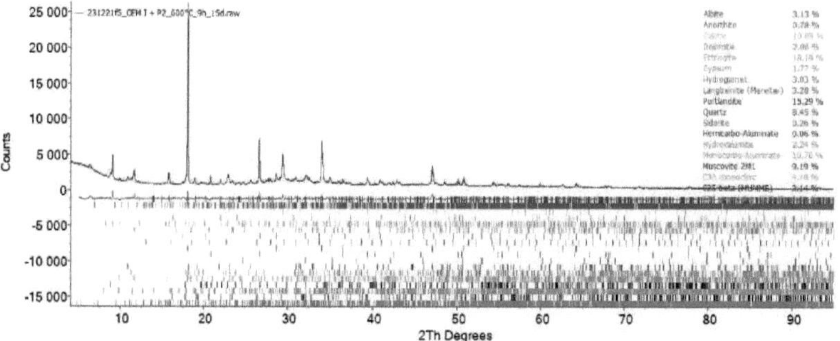
25 000
20 000
15 000
10 000
5 000
0
-5 000
-10 000
-15 000
Counts
10
20
30
40
50
60
70
80
90
2Th Degrees

Printed by Books on Demand GmbH, Norderstedt / Germany